中等职业教育教材

化学（通用类）习题册

陈艾霞 杨 龙 主编
夏龙贵 副主编

化学工业出版社
·北京·

内容简介

《化学（通用类）习题册》是与"十四五"职业教育国家规划教材（中等职业学校公共基础课程教材）《化学（通用类）》第二版相配套的学习用书，是根据教育部2020年颁布的《中等职业学校化学课程标准》的要求而编写的。

本习题册主要内容有：原子结构和化学键、化学反应及其规律、溶液与水溶液中的离子反应、常见无机物及其应用、简单有机化合物及其应用、常见生物分子及合成高分子化合物六个主题的配套习题，在每一节设置了填空题、选择题、判断题、计算题、简答题等题型，包含了学生必做实验和探究性实验的内容，适合绝大多数学生的认知学习水平。书后附有参考答案，以便于学生复习及自学时使用。

本习题册适用于中等职业学校各专业，建议与"十四五"职业教育国家规划教材《化学（通用类）》第二版配套使用。

图书在版编目（CIP）数据

化学（通用类）习题册/陈艾霞，杨龙主编；夏龙贵副主编．—北京：化学工业出版社，2023.4（2025.5重印）
ISBN 978-7-122-42991-9

Ⅰ.①化…　Ⅱ.①陈…②杨…③夏…　Ⅲ.①化学-中等专业学校-习题集　Ⅳ.①O6-44

中国国家版本馆CIP数据核字（2023）第033151号

责任编辑：刘心怡　旷英姿　　　　文字编辑：邢苗苗
责任校对：宋　玮　　　　　　　　装帧设计：关　飞

出版发行：化学工业出版社（北京市东城区青年湖南街13号　邮政编码100011）
印　　装：中煤（北京）印务有限公司
710mm×1000mm　1/16　印张9¾　字数131千字　2025年5月北京第1版第4次印刷

购书咨询：010-64518888　　　　　　售后服务：010-64518899
网　　址：http://www.cip.com.cn
凡购买本书，如有缺损质量问题，本社销售中心负责调换。

定　　价：22.00元　　　　　　　　　　　　　　　　版权所有　违者必究

前言

《化学（通用类）习题册》是与"十四五"职业教育国家规划教材（中等职业学校公共基础课程教材）《化学（通用类）》第二版相配套的学习用书，是根据教育部2020年颁布的《中等职业学校化学课程标准》的要求而编写的。

随着新一轮课程标准的颁布与实施，化学课程教学有了更广阔的阵地，化学已成为中等职业学校医药卫生类、农林牧渔类、加工制造类等相关专业学生的必修课程，也是其他类专业学生的公共基础选修课程，对提升学生化学学科核心素养、促进学生职业生涯发展和适应现代社会生活起着重要的基础性作用。因而与《化学（通用类）》第二版教材配套的学生实践试验和练习用书的研制编写就变得尤为迫切。

本习题册主题和章节的顺序安排与《化学（通用类）》第二版教材完全一致，内容上也与教材相衔接。在每一节设置了填空题、选择题、判断题、计算题、简答题等栏目，通过习题的练习，强化学生对基础知识的理解和掌握，帮助学生巩固基础知识，熟练掌握探究技巧，全面提升学生的化学学科核心素养。本书采用活页式装订，方便读者取用。此外，书后还附有参考答案，以便于学生复习及自学时参考。

本习题册由江西省化学工业学校陈艾霞、江西现代职业技术学院杨龙担任主编，江西省化学工业学校夏龙贵担任副主编。陈艾霞编写主题三、主题四，夏龙贵编写主题五，杨龙、日照市海洋工程学校陈冬梅编写主题一，陕西省西安综合职业中等专业学校付思宇编写主题二，本溪市化学工业学校张春艳编写主题六。全书由陈艾霞整理并统稿。

本习题册还邀请了相关行业企业的技术人员参与研讨，他们给予了倾力支持并对本习题册的编写提出了许多宝贵意见，在此表示衷心的感谢。

限于编者水平，本书难免还有疏漏和欠妥之处，恳请广大师生及其他读者批评指正，不胜感激！

编者
2022 年 9 月

目录

主题一　原子结构和化学键　001

第一节　原子结构 …………………………………………………… 001
第二节　元素周期律 ………………………………………………… 005
第三节　化学键 ……………………………………………………… 009
第四节　化学实验基本操作 ………………………………………… 013

主题二　化学反应及其规律　020

第一节　氧化还原反应 ……………………………………………… 020
第二节　化学反应速率 ……………………………………………… 025
第三节　化学平衡 …………………………………………………… 030

主题三　溶液与水溶液中的离子反应　036

第一节　溶液组成的表示方法 ……………………………………… 036
第二节　弱电解质的解离平衡 ……………………………………… 042
第三节　水的离子积和溶液的 pH …………………………………… 045
第四节　离子反应和离子方程式 …………………………………… 050
第五节　盐的水解 …………………………………………………… 052
第六节　学生实验　溶液的配制、稀释和 pH 的测定 …………… 055

主题四　常见无机物及其应用　059

第一节　常见非金属单质及其化合物 ……………………………… 059
第二节　常见金属单质及其化合物 ………………………………… 069

主题五　简单有机化合物及其应用　　080

　　第一节　有机化合物的特点和分类 …………………………… 080
　　第二节　烃 …………………………………………………… 086
　　第三节　烃的衍生物 …………………………………………… 092
　　第四节　学生实验　重要有机化合物的性质 ………………… 100

主题六　常见生物分子及合成高分子化合物　　104

　　第一节　糖类 ………………………………………………… 104
　　第二节　蛋白质 ……………………………………………… 110
　　第三节　合成高分子化合物 …………………………………… 114
　　第四节　学生实验　常见生物分子的性质 …………………… 118

参考答案　　121

主题一

原子结构和化学键

第一节　原子结构

一、填空题

1. 原子是化学变化中的_____，由居于原子中心的带____电的原子核和在核外做高速运转的带____电的电子构成。原子核是由____和____构成的。质子带一个单位_____，中子不带_____；一个核外电子带一个单位_____。

2. 原子核所带的电荷数即_____（　　）由核内质子数决定。按核电荷数由小到大的顺序给元素编号，所得的序号称为该元素的原子序数，则

   原子序数＝_____＝_____＝_____

3. 质子的质量为_____kg，中子的质量为_____kg，电子的质量很小，仅为质子质量的_____，所以，原子的质量主要集中在_____上。质子和中子的质量很小，计算不方便，因此，通常用它们的_____。

4. 实验测得，作为原子量标准的碳-12 原子的质量是_____kg，它的 1/12 为 1.6606×10^{-27} kg。质子和中子对它的相对质量分别为

_____ 和 _____，取近似整数值为 1。如果忽略电子的质量，将原子核内所有的质子和中子的相对质量取近似整数值加起来，所得的数值叫_____，用符号_____表示。中子数用符号 N 表示。即质量数（A）=质子数（Z）__中子数（N）。

5. 元素是具有相同_____（质子数）的同一类原子的总称。也就是说，同一种元素原子的原子核中_____是相等的。科学研究证明，同一种元素的原子中_____相同，但_____不一定相同。这种具有相同_____和不同_____的同一种元素的几种原子，互称_____。

6. 同位素中，不同原子的质量虽然不同，但它们的_____几乎是完全相同的。我们所了解的大多数元素都有同位素。

7. 铀元素有多种同位素，其中 $^{235}_{92}U$ 是制造_____的材料和_____的燃料。同位素中，有些具有放射性，称为_____同位素，反之为_____同位素。放射性同位素的原子核很不稳定，会自发地放出 α、β、γ 等射线，从而转变成稳定的原子。

8. 在多电子原子中，电子的能量是不相同的，在离核较近的区域内运动的电子能量_____；在离核较远的区域内运动的电子能量_____。科学家把这些距核远近不同的区域称为_____。核外电子是在不同的电子层内运动的，人们又把这种现象叫做_____。

9. 电子排布规律为每层最多能容纳_____个电子，其中第一层不超过____个，最外层电子数最多不超过_____个，次外层不超过_____个，倒数第三层不超过____个。

二、选择题

1. 下列关于原子结构的说法中，错误的是（　　）。
   A. 核电荷数一定等于质子数
   B. 原子序数一定等于核内质子数
   C. 质子数一定不等于中子数

姓名：_____ 学号：_____ 班级：_____ 分数：_____

   D. 一般来说，原子是由质子、中子、电子构成的
2. 某元素的原子核外有 3 个电子层，最外层有 6 个电子，该原子核内的质子数为（　　）。
   A. 14   B. 15
   C. 16   D. 17
3. 有以下五种原子 $^{6}_{3}Li$、$^{7}_{3}Li$、$^{23}_{11}Na$、$^{14}_{6}C$、$^{14}_{7}N$，下列相关说法不正确的是（　　）。
   A. $^{6}_{3}Li$ 和 $^{7}_{3}Li$ 在元素周期表中所处的位置相同
   B. $^{14}_{6}C$ 和 $^{14}_{7}N$ 质量数相等，二者互为同位素
   C. $^{23}_{11}Na$ 和 $^{24}_{12}Mg$ 的中子数相同但不属于同种元素
   D. $^{7}_{3}Li$ 的质量数和 $^{14}_{7}N$ 的中子数相等
4. 重水（D_2O）是重要的核工业原料，下列说法错误的是（　　）。
   A. 氘（D）原子核外有 1 个电子
   B. ^{1}H 与 D 互称同位素
   C. H_2O 与 D_2O 化学性质完全相同
   D. $^{1}H_2^{18}O$ 与 $D_2^{18}O$ 的分子量相同
5. 下列叙述中正确的是（　　）。
   A. 两种粒子，若核外电子排布完全相同，则其化学性质一定相同
   B. 凡单原子形成的离子，一定具有稀有气体元素原子的核外电子排布
   C. 两原子如果核外电子排布相同，则一定属于同种元素
   D. 稀有气体元素原子的最外层都排有 8 个电子
6. 不同的原子不可能具有相同的（　　）。
   A. 质子数   B. 中子数
   C. 质量数   D. 质子数和中子数
7. 某微粒的结构示意图是 (+9)2)7)，下列说法错误的是（　　）。
   A. 属于金属元素
   B. 原子核外有 2 个电子层

C. 原子最外层电子数为 7

D. 该微粒原子核有 9 个质子

8. 下列关于原子的叙述不正确的是（　　）。

　　A. 原子可以构成物质的分子，有的原子能直接构成物质

　　B. 相对于原子来说，原子核的体积很小，但原子的质量却主要集中在原子核上

　　C. 在化学变化中分子发生变化，原子不发生变化

　　D. 原子核都是由质子和中子构成的

9. 下列各种微粒，不带电的是（　　）。

　　A. 原子　　　　　　　　　B. 电子

　　C. 质子　　　　　　　　　D. 原子核

10. 已知两种不同的原子，一种原子核内有 10 个质子、10 个中子，另一种原子核内有 10 个质子、9 个中子，则它们不相等的是（　　）。

　　A. 核外电子数

　　B. 原子的核电荷数

　　C. 原子的质量

　　D. 原子核的带电量

三、判断题（正确的打"√"，错误的打"×"）

1. 不同种类的原子，其质量数一定都不相同。　　　　　　　　（　　）

2. 某一价阴离子核外有 18 个电子，其质量数为 35，则其中子数为 18。

（　　）

3. 中子数相同的微粒一定属于同一种元素。　　　　　　　　　（　　）

4. ^{18}O 和 ^{16}O 是两种不同的原子。　　　　　　　　　　　（　　）

5. $^{235}_{92}U$ 和 $^{238}_{92}U$ 是同位素。　　　　　　　　　　　　　（　　）

6. 原子核位于原子的中心，带负电荷。　　　　　　　　　　　（　　）

7. 某原子核外有 18 个电子，则该原子为金属原子。　　　　　（　　）

8. 中子数相同的微粒一定属于同一种元素。　　　　　　　　　（　　）

9. 原子核在原子中所占的体积非常大，质量也大，原子的质量主要集

姓名：_____ 学号：_____ 班级：_____ 分数：_____

中在原子核上。( )

10. 镨（Pr）是一种稀土元素，已知镨原子的核电荷数为 59，原子量为 141，该原子的质子数是 59。( )

11. 石墨和金刚石都是由碳元素组成的，它们互称为同位素。( )

12. 分子是化学变化中的最小微粒。( )

13. 一切物质都是由元素组成的。( )

四、简答题

1. 简述质量数的定义。

2. 同位素的性质有哪些？

3. 某元素的一种原子的质量数为 23，质子数为 11，则其中子数是多少？核外电子数是多少？原子序数是多少？请推断它是哪种元素的原子？

第二节　元素周期律

一、填空题

1. 元素周期表是各元素原子_____呈周期性变化的反映，是元素周期律的图表形式。元素周期表由_____和_____组成。

姓名：_____ 学号：_____ 班级：_____ 分数：_____

2. 周期：具有相同的_____且按照原子序数_____顺序排列的一系列元素。元素周期表中有_____个横行，每个_____是一个____，所以一共有____个周期。周期序数_____电子层数。

3. 第__、__、____周期，所排元素种类分别为__种、____种、____种，称为____周期，第____、____、____、____周期，所排元素种类分别为_____种、_____种、_____种、_____种，称为____周期。

4. 镧系元素，$_{57}$La～$_{71}$Lu 有____种元素，位于第__周期；锕系元素，$_{89}$Ac～$_{103}$Lr 有_____种元素，位于第_____周期。目前元素周期表中，发现和人工合成的元素共有_____种。

5. 元素周期表中共有_____个纵行，除第____、第____、第____三个纵行为一族外，其他每一纵行称为一族，共有_____个族。族是最外层电子数相等的一系列元素。族的序数用罗马数字Ⅰ、Ⅱ、Ⅲ、Ⅳ、Ⅴ、Ⅵ、Ⅶ、Ⅷ表示。族又分为_____族和_____族。元素周期表中，共有_____个主族，_____个副族。

6. 由____周期元素和____周期元素共同构成的族，称为____族，在族的序数后面标上____，如：ⅠA、ⅡA、ⅢA……ⅧA。

7. 主族的序数与周期表中电子层结构关系为：主族序数____最外层电子数。

8. 完全由长周期元素构成的族，称为_____族。在族的序数后面标上____，如：ⅠB、ⅡB、ⅢB……ⅧB。

二、选择题

1. 下列各组元素性质递变规律不正确的是（____）。
   A. Li、Be、B 原子随原子序数的增加最外层电子数依次增多
   B. P、S、Cl 元素最高正价依次增高
   C. N、O、F 原子半径依次增大
   D. Na、K、Rb 的金属性依次增强

2. 元素性质呈周期性变化的原因是（____）。
   A. 原子量逐渐增大

姓名：_____ 学号：_____ 班级：_____ 分数：_____

   B. 元素的化合价呈周期性变化

   C. 核外电子排布呈周期性变化

   D. 核电荷数逐渐增大

3. 原子序数 11～17 号的元素，随核电荷数的递增而逐渐变小的是（　　）。

   A. 电子层数   B. 最外层电子数

   C. 原子半径   D. 元素最高化合价

4. 处于第ⅡA族的镁元素，其原子最外层电子数为____。处于第ⅧA族的是稀有气体元素，最外层电子数为____，化学性质极不活泼，在通常情况下不发生化学变化，其化合价为零，因此也称为零族。下列选项正确的是（　　）。

   A. 2，8   B. 2，2

   C. 8，8   D. 8，2

5. 同一主族从上到下，失电子能力逐渐____，得电子能力逐渐____，元素的金属性逐渐____，而非金属性逐渐____。下列选项正确的是（　　）。

   A. 减弱，增强，减弱，增强

   B. 增强，减弱，增强，减弱

   C. 减弱，增强，增强，减弱

   D. 增强，减弱，减弱，增强

6. 在元素周期表中，第 2、第 3、第 4、第 5 周期元素的种数分别是（　　）。

   A. 2、8、8、18   B. 8、8、18、18

   C. 8、8、18、32   D. 2、8、18、32

7. 下列说法正确的是（　　）。

   A. 金属元素不能得电子，不显负价，故金属元素不能形成阴离子

   B. P、S、Cl 元素最高正价依次降低

   C. B、C、N、O、F 原子半径依次增大

   D. Li、Na、K、Rb 的氧化物对应水化物的碱性依次减弱

姓名：_____ 学号：_____ 班级：_____ 分数：_____

8. 医生建议甲状腺肿大的患者多食海带，这是由于海带中含有较丰富的（　　）。
   A. 钾元素　　　　　　　　B. 铁元素
   C. 碘元素　　　　　　　　D. 锌元素

9. 随着卤素原子半径的增大，下列递变规律正确的是（　　）。
   A. 单质的熔、沸点逐渐降低
   B. 卤素离子的还原性逐渐增强
   C. 单质的氧化性逐渐增强
   D. 气态氢化物的稳定性逐渐增强

10. 同一主族元素由上至下的递变规律不正确的是（　　）。
    A. 原子半径逐渐增大
    B. 分子量逐渐增大
    C. 金属性逐渐增强
    D. 非金属性逐渐增强

三、判断题（正确的打"√"，错误的打"×"）

1. 元素周期律是指元素的性质随着元素核电荷数的递增而呈现周期性的变化。（　　）
2. Na、K、Ca、Al中，金属性最强的元素是Al。（　　）
3. 除第1周期外，主族元素同一周期中（惰性气体元素除外），原子半径随原子序数的递增而减小。（　　）
4. 同一族的元素最外层电子数相同，从上到下，随原子序数（电子层数）的增加，原子半径减小。（　　）
5. 金属性最强的元素在周期表中左下方，而非金属最强元素在周期表中最右上方。（　　）
6. 元素 X 的原子有 3 个电子层，最外层有 4 个电子。这种元素位于周期表的第 4 周期Ⅲ A 族。（　　）
7. 碱金属元素原子最外层都只有 1 个电子。（　　）
8. 随电子层数增加，原子半径增大，金属还原性增强。（　　）

姓名：_____ 学号：_____ 班级：_____ 分数：_____

9. 钾原子失电子比钠原子容易。　　　　　　　　　　　　（　　）
10. KOH 碱性比 NaOH 弱。　　　　　　　　　　　　　　（　　）
11. 主族元素由上至下原子半径逐渐增大。　　　　　　　　（　　）
12. 第 20 号元素原子最外层电子数为 2。　　　　　　　　（　　）
13. 第 3 周期元素种类为 18 种。　　　　　　　　　　　　（　　）

四、简答题

1. 主族元素化合价与族之间存在什么关系？

2. 元素周期律（表）有哪些应用？

3. 元素的化学性质主要是由元素原子结构中的哪一部分决定的？

第三节　化学键

一、填空题

1. 活泼_____和活泼_____很容易反应，它们的原子可以_____或_____电子而趋向于使核外电子层形成稳定结构。

姓名：_____ 学号：_____ 班级：_____ 分数：_____

2. ____、____离子之间通过_____作用而形成的化学键，叫做_____。活泼金属（如钠、钾、钙等）和活泼非金属（如氯、溴、氧等）反应生成化合物时，都形成_____。以离子键结合的化合物称为_____，如 $MgCl_2$、CaF_2 等。

3. 氯原子的最外层有____个电子，要达到____电子结构需要获得____个电子；氢原子的最外层有____个电子，要达到____电子结构也需要获得____个电子，两个原子间难以发生电子得失；如果氯原子与氢原子各提供 1 个电子，形成____电子对，两个原子就都形成了稳定结构。

4. 原子间通过_____所形成的化学键，叫做共价键。_____的原子之间都是以共价键结合的。

5. 以_____键结合的化合物称为共价化合物。

二、选择题

1. 下列物质中只存在共价键的是（　　）。
    A. $MgCl_2$　　　　　　　　B. NH_4Cl
    C. Na_2O　　　　　　　　D. CO_2

2. 下列叙述中不正确的是（　　）。
    A. 非金属的原子之间都是以离子键结合的
    B. 非金属的原子之间都是以共价键结合的
    C. 单质中不可能含有离子键
    D. 非金属单质中不一定含有共价键

3. 下列说法正确的是（　　）。
    A. 凡是金属元素跟非金属元素化合就会形成离子化合物
    B. 离子化合物中的阳离子都是金属离子
    C. 离子化合物中，一个阴离子可同时与多个阳离子之间有静电作用
    D. 溶于水可以导电的化合物一定是离子化合物

4. 下列各组物质中，所含化学键类型相同的是（　　）。
    A. NaF、HNO_3　　　　　　B. CO_2、CH_4

姓名：_____ 学号：_____ 班级：_____ 分数：_____

  C. HCl、MgF_2 D. Na_2O、H_2O

5. 下列各组物质中，都是共价化合物的是（ ）。

  A. H_2S 和 Na_2O_2 B. H_2O_2 和 CaF_2

  C. NH_3 和 N_2 D. HCl 和 H_2S

6. 下列原子序数的元素，彼此之间能形成离子键的是（ ）。

  A. 1 和 16   B. 6 和 8

  C. 9 和 11   D. 1 和 17

7. 下列叙述中正确的是（ ）。

  A. 含有离子键的化合物不一定是离子化合物

  B. 具有共价键的化合物就是共价化合物

  C. 共价化合物可能含离子键

  D. 离子化合物中可能含有共价键

8. 下列关于离子化合物的叙述正确的是（ ）。

  A. 离子化合物中必含有离子键

  B. 离子化合物中的阳离子只能是金属离子

  C. 离子化合物如能溶于水，其水溶液一定可以导电

  D. 溶于水可以导电的化合物一定是离子化合物

9. 下列微粒中，同时具有离子键和共价键的是（ ）。

  A. NH_3 B. NH_4Cl

  C. H_2S D. K_2O

10. 关于离子键、共价键的各种叙述，下列说法中正确的是（ ）。

  A. 阴、阳离子之间通过静电作用而形成的化学键，叫做离子键

  B. 共价键只存在于双原子的单质分子（如 Cl_2）中

  C. 金属和非金属反应生成化合物时，都形成离子键

  D. 由多种元素组成的多原子分子里，一定只存在共价键

11. 哪一种吸引力使原子的各个组成部分连结在一起？（ ）

  A. 万有引力   B. 磁力

  C. 电力   D. 化学键

姓名：_____ 学号：_____ 班级：_____ 分数：_____

三、判断题（正确的打"√"，错误的打"×"）

1. 化学键是指分子中相邻原子之间强烈的吸引作用。（　　）
2. 非金属的原子之间都是以共价键结合的。（　　）
3. 金属元素和非金属元素之间形成的键不一定都是离子键。（　　）
4. Cl_2、O_2、CH_3CH_2OH（乙醇）、H_2O 等都是共价化合物。（　　）
5. 分子中相邻的两个或多个原子之间强烈的相互作用就是化学键。
（　　）
6. 任何离子键在形成过程中必定有电子的得失。（　　）
7. 两个非金属原子间不可能形成离子键。（　　）
8. 离子化合物中可能有共价键。（　　）
9. 非金属原子间不可能形成离子化合物。（　　）
10. 在共价化合物中，元素化合价有正负的主要原因是共用电子对有偏移。
（　　）
11. 由活泼金属元素与活泼非金属元素形成的化学键都是离子键。
（　　）
12. 原子最外层只有一个电子的元素的原子跟卤素原子结合时，所形成的化学键一定是离子键。（　　）
13. 非金属元素的两个原子之间一定形成共价键，但多个原子间也可能形成离子键。（　　）

四、简答题

1. 以氯原子和氢原子为例来分析一下氯化氢分子的形成过程。

姓名：_____ 学号：_____ 班级：_____ 分数：_____

2. 共价键与离子键有什么不同？请你举例说明。

3. 试列举出一种非金属元素原子之间形成离子化合物的物质。

第四节　化学实验基本操作

一、填空题

1. 不能用_____直接接触药品，不要将鼻孔凑到容器口去_____药品（特别是_____）的气味，不得_____任何药品的味道。
2. 应严格按_____的用量取药品；若无说明用量，一般应按_____量取用：液体_____ mL，固体只需_____试管底部。
3. 用剩的药品_____放回原瓶，也不要随意_____，不能_____实验室，要放入指定容器内。
4. 块状（密度较大的颗粒）：试管横放→块状固体放在试管口→试管缓缓竖起（防止试管破裂）。所用试管必须_____。
5. 液体药品取用倾倒时：取下瓶塞，倒放→_____→与瓶口紧挨（手心向着_____）→缓缓倒入。
6. 量取时：量筒_____且与瓶口紧挨→缓缓倒入_____所量刻度→量筒放平稳，视线_____所量刻度→改用胶头滴管逐滴加入直至达到所要量取的体积（注意视线要与量筒内凹液面的最低点保持水平）。
7. 不可随意_____、_____有毒、有害的废渣，废渣须存放于专门的_____中。
8. 盛装过有毒废弃物品的空器皿、包装物等，须经完全_____

姓名：_____ 学号：_____ 班级：_____ 分数：_____

后，才能改为他用或弃用。

9. 保护环境人人有责，实验过程中要树立_____化学、_____实验意识，依法依规做好实验室"_____"处理。

二、选择题

1. 下列实验操作正确的是（　　）。
   A. 将铁钉投入直立的试管中
   B. 熄灭酒精灯时用灯帽盖灭
   C. 给液体加热不得超过试管容积的 2/3
   D. 实验剩余药品要放回原瓶

2. 下列实验操作中，错误的是（　　）。
   A. 将块状固体放入直立的试管内
   B. 倾倒液体时标签向着手心
   C. 用药匙取固体药品后，立刻用干净的纸擦拭干净
   D. 用胶头滴管吸取并滴加试剂后，立即用清水冲洗干净

3. 实验桌上因酒精灯打翻而着火时，最便捷的方法是（　　）。
   A. 用水冲熄　　　　　　B. 用湿抹布盖灭
   C. 用沙土盖灭　　　　　D. 用泡沫灭火器扑灭

4. 下列说法不正确的是（　　）。
   A. 检查酒精灯灯芯是否平整；检查灯里是否有酒精（酒精不能超过酒精灯容积的 2/3）
   B. 用火柴点燃酒精灯，可以用燃着的酒精灯引燃另一盏酒精灯
   C. 用灯帽盖灭酒精灯，不可用嘴吹灭
   D. 碰倒酒精灯，万一洒出的酒精在桌上燃烧起来，应立即用湿抹布扑盖

5. 下列说法正确的是（　　）。
   A. 根据废弃物的性质选择合适的盛装容器和存放地点：废液可用敞口容器贮存，禁止混合存放
   B. 对于易燃、易爆、剧毒实验药品的废液，其贮存应按相应国家标准执行，废液应存放于阴凉干燥处

姓名：_____ 学号：_____ 班级：_____ 分数：_____

　　C. 贮存器具必须贴上标签，标明种类、贮存时间等，贮存时间可以无限时长，不用备案销毁

　　D. 实验操作过程中能产生大量有害、有毒气体的实验可以在通风橱中进行

6. 实验室安全守则中规定，严禁任何（　　）入口或接触伤口，不能用（　　）代替餐具。

　　A. 食品，烧杯　　　　　　　　B. 饮品，烧杯

　　C. 化妆品，玻璃仪器　　　　　D. 药品，烧杯

7. 下面有关废渣的处理错误的是（　　）。

　　A. 毒性小、稳定、难溶的废渣可深埋地下

　　B. 汞盐沉淀残渣可用焙烧法回收汞

　　C. 有机物废渣可倒掉

　　D. AgCl 废渣可送国家回收银部门

8. 下列易燃易爆物存放不正确的是（　　）。

　　A. 分析实验室不应贮存大量易燃的有机溶剂

　　B. 金属钠保存在水里

　　C. 存放药品时，应将氧化剂与有机化合物和还原剂分开保存

　　D. 爆炸性危险品残渣不能倒入废物缸

9. 实验室废酸废碱处理方法为（　　）。

　　A. 直接排入下水道

　　B. 经中和后用大量水稀释排入下水道

　　C. 收集后利用

　　D. 加入吸附剂吸附有害物

10. 若火灾现场空间狭窄且通风不良不宜选用（　　）灭火器灭火。

　　A. 四氯化碳　　　　　　　　　B. 泡沫

　　C. 干粉　　　　　　　　　　　D. 1211

11. 大量的实验用试剂应存放在（　　）。

　　A. 实验室仪器房间　　　　　　B. 实验准备室

　　C. 试验前处理室　　　　　　　D. 试剂库房

姓名：_____　　学号：_____　　班级：_____　　分数：_____

12. 急性呼吸系统中毒后的正确急救方法是（　　）。

　　A. 要反复进行多次洗胃

　　B. 立即用大量自来水冲洗

　　C. 用质量分数为3％～5％碳酸氢钠溶液或用（1＋5000）高锰酸钾溶液洗胃

　　D. 应使中毒者迅速离开现场，移到新鲜空气中并进行医护处理

13. 化学烧伤中，酸的蚀伤，应用大量的水冲洗，然后用（　　）冲洗，再用水冲洗。

　　A. 0.3mol/L HAc 溶液　　　B. 2％ $NaHCO_3$ 溶液

　　C. 0.3mol/L HCl 溶液　　　D. 2％ NaOH 溶液

14. 盐酸、丙酮溶液应如何存放？（　　）

　　A. 和其他试剂共同存放

　　B. 置于冰箱中冷藏

　　C. 按易制毒管理要求，分类存放于通风干燥处

　　D. 置于密闭的实验柜中存放

15. 若电器仪器着火不宜选用（　　）灭火。

　　A. 1211 灭火器　　　　　　B. 泡沫灭火器

　　C. 二氧化碳灭火器　　　　D. 干粉灭火器

16. 若火灾现场中燃烧物为碱金属，则严禁选用（　　）灭火器灭火。

　　A. 四氯化碳　　　　　　　B. 泡沫

　　C. 干粉　　　　　　　　　D. 1211

17. 检查气瓶是否漏气，可采用（　　）的方法。

　　A. 用手试　　　　　　　　B. 用鼻子闻

　　C. 用肥皂水涂抹　　　　　D. 听是否有漏气声音

18. 各种气瓶的存放，必须保证安全距离，气瓶距离明火在（　　）米以上，避免阳光暴晒。

　　A. 2　　　　　　　　　　　B. 10

　　C. 20　　　　　　　　　　D. 30

19. 在实验室中发生化学灼伤时，下列哪个方法是正确的？（　　）

姓名：_____ 学号：_____ 班级：_____ 分数：_____

A. 被强碱灼伤时用强酸洗涤

B. 被强酸灼伤时用强碱洗涤

C. 先清除皮肤上的化学药品，再用大量干净的水冲洗

D. 清除药品立即贴上"创口贴"

20. 有关电器设备防护知识不正确的是（　　）。

　　A. 电线上洒有腐蚀性药品，应及时处理

　　B. 电器设备电线不宜通过潮湿的地方

　　C. 能升华的物质都可以放入烘箱内烘干

　　D. 电器仪器应按说明书规定进行操作

21. 因吸入少量氯气、溴蒸气而中毒者，可用（　　）漱口。

　　A. 碳酸氢钠溶液　　　　B. 碳酸钠溶液

　　C. 硫酸铜溶液　　　　　D. 醋酸溶液

22. 下列中毒急救方法错误的是（　　）。

　　A. 呼吸系统急性中毒，应使中毒者离开现场，使其呼吸新鲜空气或做抗休克处理

　　B. H_2S 中毒立即进行洗胃，使之呕吐

　　C. 误食了重金属盐溶液立即洗胃，使之呕吐

　　D. 皮肤、眼、鼻受毒物侵害时立即用大量自来水冲洗

23. 下列器皿中不能放氟化钠溶液的是（　　）。

　　A. 玻璃器皿　　　　　　B. 聚四氟乙烯器皿

　　C. 聚丙烯器皿　　　　　D. 陶瓷器皿

24. 氢气通常灌装在（　　）颜色的钢瓶中。

　　A. 白色　　　　　　　　B. 黑色

　　C. 深绿色　　　　　　　D. 天蓝色

25. 在取用液体试剂叙述中，正确的是（　　）。

　　A. 将试剂瓶的瓶盖倒置于实验台上

　　B. 为了能够看清物质名称，取试剂时标签应朝向虎口外

　　C. 使用时取用过量的试剂应及时倒回原瓶，严禁浪费

　　D. 低沸点试液应保存于冷柜中

姓名：_____ 学号：_____ 班级：_____ 分数：_____

三、判断题（正确的打"√"，错误的打"×"）

1. 实验过程中一定不能闻药品气味。（   ）
2. 加热试管时应先均匀加热，然后再集中加热，否则容器易破裂。
   （   ）
3. 粉末状药品的取用方法为：试管横放（倾斜）→盛满药品的药匙或对折的纸条平行地伸入试管约2/3处→试管慢慢直立（注意防粘）。（   ）
4. 粉末状药品的取用方法为：试管横放（倾斜）→盛满药品的药匙或对折的纸条平行地伸入试管约1/3处→试管慢慢直立（注意防粘）。（   ）
5. 液体加热仪器有试管、烧瓶、烧杯、蒸发皿；固体加热仪器是试管，不能用蒸发皿盛放固体药品。（   ）
6. 酒精灯是实验室简单加热设备，点灯时可用火柴或打火机引燃，熄灭时嘴吹灭。（   ）
7. 分析实验室中产生的"三废"，其处理原则是：有回收价值的应回收，不能回收的可直接排放。（   ）
8. 废液应避光、远离热源，以免加速废液的化学反应。（   ）
9. 贮存废液的容器必须贴上明显的标签，标明种类、贮存时间等。（   ）
10. 废液应用密闭容器贮存，防止挥发性气体逸出而污染环境。（   ）
11. 用于回收的废液应分别用洁净的容器盛装。（   ）
12. 化学分析实验室可以吸烟，但是仪器分析实验室严禁吸烟。（   ）
13. 浓硝酸浓硫酸的稀释，应在通风橱中进行。（   ）
14. 稀释浓硫酸时，应将蒸馏水在缓慢搅拌下倒入浓硫酸中。（   ）
15. 实验室的电源插座、插头不得用湿手直接插拔。（   ）
16. 电气设备着火时应使用泡沫灭火器熄灭火焰。（   ）
17. 不慎触电时，首先应切断电源，必要时进行人工呼吸。（   ）
18. 1211灭火器适用于扑灭油类、有机溶剂、精密仪器、文物档案等火灾。（   ）
19. 实验室的废液、废纸应该分开放置，分别处理。（   ）
20. 实验室灭火器应放在人员不易发觉的场所，以防被盗。（   ）

姓名：_____ 学号：_____ 班级：_____ 分数：_____

21. 进入实验室必须穿实验服。（　）
22. 实验室不应存放大量化学试剂，应随用随领。（　）
23. 用试管进行化学反应时，反应物体积一般不超过试管总容量的 1/3。（　）
24. 试剂瓶可分广口瓶和细口瓶。细口瓶用于盛放固体药品，广口瓶用于盛放液体药品。（　）
25. 实验室内不许进食，只能饮水。（　）
26. 实验室对鞋没有特殊要求，可以穿拖鞋进入实验室。（　）
27. 使用二氧化碳灭火器灭火时，应注意勿顺风使用。（　）
28. 皮肤被氨水灼伤，可用水或 2% HAc 或 2% H_3BO_3 冲洗，如误服可谨慎洗胃，并口服蛋白水、牛奶等解毒剂。（　）
29. 药品贮藏室最好向阳，以保证室内干燥、通风。（　）
30. 配制好的试剂应贴上标签，注明名称、浓度、配制日期，剧毒药品特别要注明。（　）
31. 少量有毒气体可通过排风设备排出室外，被空气稀释即可。（　）
32. 实验中的过量化学品应当放回其原试剂瓶中以防浪费。（　）
33. 实验室中所需使用的钢瓶，应就近放在实验室中。（　）
34. 打开易挥发试剂或酸、碱试剂的瓶塞时，瓶口不要对着脸部或其他人，且宜在通风橱中进行。（　）
35. 实验室发现有人触电时，首先应使触电者脱离电源，若伤员呼吸困难应进行人工呼吸，并注射强心剂和兴奋剂，使其呼吸正常。（　）

四、简答题

1. 化学实验安全措施有哪些？

2. 简述实验室常见火灾事故及预防措施。

姓名：_____ 学号：_____ 班级：_____ 分数：_____

主题二

化学反应及其规律

第一节 氧化还原反应

一、填空题

1. 凡是有元素化合价_____的化学反应都是氧化还原反应。其中，元素化合价升高的反应称为_____，元素化合价降低的反应称为_____。

2. 凡有电子得失（或共用电子对偏移）的反应叫做_____。在氧化还原反应中，得到电子总数_____失去电子总数。

3. _____反应全部属于氧化还原反应，_____反应全部不属于氧化还原反应。

4. 有单质参加的化合反应和有单质生成的_____反应全部属于氧化还原反应。

5. 氧化剂和还原剂作为反应物共同参加氧化还原反应。在反应中，电子从_____转移到_____。

6. 氧化剂是得到电子（或共用电子对偏向）的物质，在反应时所含元素的化合价_____。氧化剂具有_____性，反应时本身被_____。

7. 还原剂是失去电子（或共用电子对偏离）的物质，在反应时所含元

姓名：_____ 学号：_____ 班级：_____ 分数：_____

素的化合价____。还原剂具有____性，反应时本身被____。

8. 常用的_____有活泼的卤素、O_2、Na_2O_2、H_2O_2、$HClO$、$NaClO$、$KClO_3$、$KMnO_4$、$K_2Cr_2O_7$、浓H_2SO_4、HNO_3、$FeCl_3$等。

9. 常用的_____有活泼的金属K、Na、Mg、Al、Zn、Fe及C、H_2、CO、H_2S、SO_2等。

10. 化学反应的四种基本反应类型为：____反应、____反应、置换反应和复分解反应。

11. 请写出下列常见元素的化合价（化合态）。

　　H _____，O _____，C _____，
　　N _____，S _____，F _____，
　　Cl _____，Na _____，K _____，
　　Li _____，Ag _____，Ca _____，Mg _____，
　　Zn _____，Cu _____，Fe _____，Al _____。

二、选择题

1. 下列有关氧化还原反应的叙述中，不正确的是（　　）。

   A. 氧化还原反应中不一定有氧元素参与反应

   B. 氧化还原反应中氧化剂发生还原反应

   C. 氧化还原反应发生一定有电子的转移（得失或偏移）

   D. 氧化还原反应的本质是化合价发生变化

2. 下列关于氧化还原反应说法正确的是（　　）。

   A. 氧化反应一定先于还原反应发生

   B. 在反应中不是所有元素的化合价都发生变化

   C. 肯定有一种元素被氧化，有另一种元素被还原

   D. 氧化剂在同一反应中既可以是反应物也可以是生成物

3. 氧化还原反应中发生氧化反应的是（　　）。

   A. 化合价升高的反应

   B. 得到电子的反应

   C. 化合价降低的反应

D. 失去氧的反应

4. 氧化还原反应中被还原物质发生的是（　　）。

   A. 化合价升高的反应

   B. 失去电子的反应

   C. 化合价降低的反应

   D. 得到氧的反应

5. 某元素在化学反应中由化合态变为游离态，则该元素（　　）。

   A. 一定被氧化

   B. 一定被还原

   C. 既可能被氧化，也可能被还原

   D. 以上都不是

6. 下列反应中，不属于氧化还原反应的是（　　）。

   A. $N_2(g) + 3H_2(g) \rightleftharpoons 2NH_3(g)$

   B. $2ZnS(s) + 3O_2(g) = 2ZnO(s) + 2SO_2(g)$

   C. $2Na + H_2S = Na_2S + H_2\uparrow$

   D. $Al_2(SO_4)_3 + 6NaHCO_3 = 3Na_2SO_4 + 2Al(OH)_3\downarrow + 6CO_2\uparrow$

7. 下列反应中，氧化剂和还原剂是同一种物质的是（　　）。

   A. $Cl_2 + H_2O = HCl + HClO$

   B. $F_2 + H_2 = 2HF$

   C. $Mg + H_2SO_4 = MgSO_4 + H_2\uparrow$

   D. $N_2 + 3Mg = Mg_3N_2$

8. 下列物质中，硫元素既能被氧化，又能被还原的是（　　）。

   A. 硫酸　　　　　　　　B. 二氧化硫

   C. 三氧化硫　　　　　　D. 硫化氢

9. 下列四种基本反应类型的反应中，一定不是氧化还原反应的是（　　）。

   A. 化合反应　　　　　　B. 分解反应

   C. 置换反应　　　　　　D. 复分解反应

10. 下列变化还需要加入还原剂的是（　　）。

A. $HCl \rightarrow Cl_2$　　　　　　B. $KClO_3 \rightarrow O_2$

C. $H_2SO_4 \rightarrow H_2$　　　　　D. $NH_4Cl \rightarrow NH_3$

11. 下列有关氧化还原反应的叙述中，正确的是（　　）。

　　A. 一定有氧元素参加

　　B. 氧化剂本身发生氧化反应

　　C. 氧化反应一定先于还原反应发生

　　D. 一定有电子的转移（得失或偏移）

12. 下列四种基本反应类型的反应中，一定是氧化还原反应的是（　　）。

　　A. 化合反应　　　　　　　B. 分解反应

　　C. 置换反应　　　　　　　D. 复分解反应

13. 下列反应中，属于氧化还原反应的是（　　）。

　　A. $CaCO_3 + 2HCl == CaCl_2 + CO_2\uparrow + H_2O$

　　B. $2H_2O_2 == 2H_2O + O_2\uparrow$

　　C. $CaO + H_2O == Ca(OH)_2$

　　D. $CaCO_3 == CaO + CO_2\uparrow$

14. 人体正常的血红蛋白中含有 Fe^{2+}，若误食亚硝酸盐，则导致血红蛋白中 Fe^{2+} 转化为 Fe^{3+} 而中毒。服用维生素 C 可解除亚硝酸盐中毒。下列叙述中正确的是（　　）。

　　A. 亚硝酸盐是还原剂

　　B. 维生素 C 是还原剂

　　C. 维生素 C 能把亚铁离子氧化为三价铁离子

　　D. 亚硝酸盐被氧化

15. 吸进人体内的 O_2 有 2%转化为氧化性极强的活性氧副产物（如 O_2^-·等），这些活性氧能加速人体衰老，被称为"生命杀手"，中国科学家尝试用含硒化合物 Na_2SeO_3 清除人体内的活性氧，在清除活性氧时，Na_2SeO_3 的作用是（　　）。

　　A. 还原剂　　　　　　　　B. 氧化剂

　　C. 既是氧化剂，又是还原剂　D. 以上均不是

16. 波尔多液农药不能用铁制容器盛放，是因为铁能与农药中的硫酸铜起反应。在该反应中，铁（　　）。

  A. 是氧化剂　　　　　　B. 是催化剂

  C. 是还原剂　　　　　　D. 被还原

三、判断题（1～10题属于氧化还原反应的打"√"，不属于的打"×"；11～20题正确的打"√"，错误的打"×"）

1. $F_2 + H_2 = 2HF$　　　　　　　　　　　　　　　　　（　　）
2. $N_2 + 3Mg = Mg_3N_2$　　　　　　　　　　　　　　（　　）
3. $2NaOH + H_2S = Na_2S + 2H_2O$　　　　　　　　　（　　）
4. $Mg + H_2SO_4 = MgSO_4 + H_2\uparrow$　　　　　　　（　　）
5. $Cl_2 + H_2O = HCl + HClO$　　　　　　　　　　　（　　）
6. $CaCO_3 + 2HCl = CaCl_2 + CO_2\uparrow + H_2O$　　　（　　）
7. $2H_2O_2 = 2H_2O + O_2\uparrow$　　　　　　　　　　　（　　）
8. $CaO + H_2O = Ca(OH)_2$　　　　　　　　　　　　（　　）
9. $CaCO_3 = CaO + CO_2\uparrow$　　　　　　　　　　　（　　）
10. $2KNO_3 + 3C + S = K_2S + 3CO_2\uparrow + N_2\uparrow$　（　　）
11. 在化学反应中，如果反应前后元素化合价发生变化，该反应一定是氧化还原反应。　　　　　　　　　　　　　　　　　　　（　　）
12. 元素化合价升高，表明这种物质得到电子。　　　　　　　（　　）
13. 发生氧化还原反应的物质一定与氧气发生反应。　　　　　（　　）
14. 在化学反应中，某元素化合价降低则表明这种物质是氧化剂。（　　）
15. 氧化还原反应中不一定有氧元素参与反应。　　　　　　　（　　）
16. 氧化还原反应中必定有电子的转移。　　　　　　　　　　（　　）
17. 氧化还原反应中有一种元素被氧化，一定有另一种元素被还原。
　　　　　　　　　　　　　　　　　　　　　　　　　　　（　　）
18. 复分解反应一定不是氧化还原反应。　　　　　　　　　　（　　）
19. 置换反应一定属于氧化还原反应。　　　　　　　　　　　（　　）
20. 氧化还原反应的本质是化合价发生变化。　　　　　　　　（　　）

四、简答题

1. 鲜榨果汁是人们喜爱的健康饮品。但此饮品中如果含有 Fe^{2+}，则鲜榨果汁在空气中会由淡绿色（Fe^{2+} 的颜色）变为棕黄色（Fe^{3+} 的颜色），这个反应是 Fe^{2+} 与空气中的氧发生了氧化还原反应，那么你知道在这个反应中哪个是氧化剂，哪个是还原剂吗？若在榨汁的时候加入适量的维生素 C，可有效防止这种变色现象的发生，请结合所学知识想一想，原因是什么？我们在生活中还有哪些现象是属于氧化还原反应？

2. 在氧化还原反应 $Fe_2O_3 + 3CO \xrightarrow{\text{高温}} 2Fe + 3CO_2$ 中，哪个是氧化剂？哪个是还原剂？哪个元素被氧化？哪个元素被还原？哪个有氧化性？哪个有还原性？其中铁元素的化合价是如何变化的？碳元素的化合价又是如何变化的？请使用双线桥的形式标注电子得失和方向。

第二节　化学反应速率

一、填空题

1. 有些反应如化肥的生产、药物的合成等，我们希望化学反应进行得

姓名：_____ 学号：_____ 班级：_____ 分数：_____

越_____越好，生成的产物越_____越好。

2. 有些化学反应如钢铁的腐蚀、橡胶塑料的老化、食品的变质等，人们就会想方设法____化学反应的进行，希望反应的产物越少越好。

3. 化学反应速率是用来衡量化学反应进行的_____的物理量，通常用单位时间内反应物浓度的_____或生成物浓度的_____来表示。

4. 不同的化学反应，具有不同的反应速率。化学反应速率主要由____的性质来决定。

5. 同一个化学反应，在不同的外界条件下，会有不同的化学反应速率，其影响因素主要是_____、_____、_____、_____等。除以上因素外，还有_____、_____等因素。

6. 化学反应在高温或常温下进行得较_____，而在低温下则进行得比较_____。

7. 对有气体参加的反应，增大压力，即增大反应物的浓度，因而可以____化学反应速率。相反，减小压力，气体的体积就_____，浓度减小，因而化学反应速率也减小。

8. 在化工生产中，常将_____破碎成小块或磨成粉末，以增大接触面积，从而加快化学反应速率。

9. 某些反应也会受光、_____、磁场等影响而改变反应速率。

10. 铜箔、镁条、铁片分别投入盛有 0.5mol/L 盐酸的试管中，冒气泡速率最快的是_____，较慢的是_____，没气泡的是_____，有气泡的是_____。由此可知物质间能否发生化学反应以及决定化学反应速率大小的内因是_____。

11. 把块状 $CaCO_3$ 和粉末状 $CaCO_3$ 分别投入盛有稀盐酸的试管中，放出气泡速率较快的是_____，由此可知参加反应固体物质颗粒_____，接触面积_____，化学反应速率_____。

12. 把相同大小的铁片分别投入盛有 0.5mol/L 盐酸和 3mol/L 盐酸的

试管中，产生气泡速率较快的是_____。由此可知反应物浓度越_____，化学反应速率越_____。

13. 把相同大小的铁片分别投入两支盛有 0.5mol/L 盐酸的试管中，其中一支试管用酒精灯加热，可观察到此试管中产生气泡_____且_____。表明，温度越_____，化学反应速率越_____。

14. 取三支试管分别装入 H_2O_2 溶液，再向其中两支试管中分别加入 $FeCl_3$ 溶液和 MnO_2 粉末，可观察到两支试管产生气泡的速率_____。$FeCl_3$ 和 MnO_2 起_____作用，此反应方程式表示为_____。由此可知，加入_____可以提高化学反应速率。

15. 改变化学反应速率在实践中具有十分重要的意义。可采取措施加快某些反应速率的例子有：_____、_____、_____。可根据需要降低某些化学反应速率的例子有：_____、_____、_____。

二、选择题

1. 下列关于化学反应速率的说法不正确的是（   ）。
   A. 化学反应速率是指单位时间内任何一种反应物的减少或任何一种生成物的增加
   B. 化学反应速率为 0.5mol/(L·s) 是指 1s 末时某物质浓度为 0.5mol/L
   C. 根据化学反应速率的相对大小可以知道化学反应进行的快慢
   D. 对于任何化学反应，反应速率越大，反应现象就可能越明显

2. 对化学反应速率有决定性影响的是（   ）。
   A. 浓度   B. 温度
   C. 压强   D. 参加反应的物质的性质

3. 化学反应速率在工农业生产和日常生活中都有重要作用，下列说法不正确的是（   ）。
   A. 在化学生产中，选用催化剂不一定能提高经济效益

B. 将肉类食品进行低温冷藏，能使其永远不会腐败变质

C. 夏天面粉的发酵速率与冬天面粉的发酵速率相差比较大

D. 茶叶等包装中加入还原性铁粉，能有效延长茶叶的储存时间

4. 下列措施中，不能增大化学反应速率的是（　　）。

A. 锌粒与稀硫酸反应制取氢气时，加入蒸馏水稀释

B. 氯酸钾分解制取氧气时，添加少量二氧化锰

C. 铝在氧气中燃烧生成三氧化二铝，用铝粉代替铝片

D. 碳酸钙与稀盐酸反应生成二氧化碳时，适当升高温度

5. 日常生活中，以下做法与控制反应速率无关的是（　　）。

A. 在铁制品表面刷防锈漆

B. 食品抽真空包装延长保质期

C. 给轴承或合页加入润滑油

D. 向盛放金属钠的玻璃瓶中加入大量煤油以隔绝空气

6. 下列说法中正确的是（　　）。

A. 增加反应物的用量就一定能加快化学反应速率

B. 化学反应速率只能增加而不能降低

C. 根据化学反应速率的相对大小可以知道化学反应进行的快慢

D. 相同质量的镁和铝与相同浓度的盐酸反应，反应剧烈程度相同

7. 我们通常用单位时间内反应物浓度的减少或生成物浓度的增加来表示化学速率。下列化学速率表达形式正确的是（　　）。

A. $v(H_2SO_4) = 0.1 \text{mol} \cdot L \cdot \min$

B. $v(H_2SO_4) = 0.1 (\text{mol} \cdot L)/\min$

C. $v(H_2SO_4) = 0.1 (\text{mol} \cdot \min)/L$

D. $v(H_2SO_4) = 0.1 \text{mol}/(L \cdot \min)$

8. 下列食品添加剂中，其使用目的与化学反应速率有关的是（　　）。

A. 着色剂　　　　　　　　B. 调味剂

C. 增稠剂　　　　　　　　D. 抗氧化剂

9. 化学反应过程中，下列表述正确的是（　　）。

A. 任何一种物质均可用 $v = \Delta c/\Delta t$ 求出该物质表示的化学反应速率

B. 化学反应速率指的是某时刻的瞬时速率

C. 同一化学反应中，不同物质表示的化学反应速率可能数值不同，但表示的意义（快慢）相同

D. 化学反应过程中使用催化剂，化学反应速率一定增大

10. 化学反应速率是通过实验测定的，下列化学反应速率的测量中，测量依据不可行的是（　　）。

选项	化学反应	测量依据(单位时间内)
A	$CO(g) + H_2O(g) \rightleftharpoons CO_2(g) + H_2(g)$	压强变化
B	$Zn(s) + H_2SO_4(aq) \rightleftharpoons ZnSO_4(aq) + H_2(g)$	氢气体积
C	$2NO_2(g) \rightleftharpoons N_2O_4(g)$	颜色深浅
D	$Ca(OH)_2(aq) + Na_2CO_3(aq) \rightleftharpoons CaCO_3(s) + 2NaOH(aq)$	沉淀质量

11. 下列说法正确的是（　　）。

A. 一定条件下，增加反应物的量，必定加快反应速率

B. 升高温度会使放热反应速率减慢，吸热反应速率加快

C. 增大压强，反应速率一定加快

D. 使用催化剂不一定加快反应速率

12. 在下列过程中，需要加快化学反应速率的是（　　）。

A. 钢铁腐蚀　　　　　B. 食物腐败

C. 炼钢　　　　　　　D. 塑料老化

13. 下列关于化学反应速率的说法，不正确的是（　　）。

A. 化学反应速率是衡量化学反应进行快慢程度的物理量

B. 化学反应速率的大小主要取决于反应物的性质

C. 化学反应速率可以用单位时间内生成某物质的质量的多少来表示

D. 化学反应速率常用单位有 $mol/(L·s)$ 和 $mol/(L·min)$

三、判断题（正确的打"√"，错误的打"×"）

1. 化学反应速率是衡量化学反应进行快慢程度的物理量。　　（　　）

姓名：_____ 学号：_____ 班级：_____ 分数：_____

2. 化学反应速率的大小主要取决于反应物的性质。（ ）
3. 化学反应速率可以用单位时间内生成某物质的多少来表示。（ ）
4. 化学反应速率常用单位有 mol/(L·s) 和 mol/(L·min)。（ ）
5. 对于同一化学反应，相同条件下用不同物质表示的反应速率，其表示的意义不相同。（ ）
6. 当其它条件不变时，增加反应物的浓度，能加快化学反应速率。（ ）
7. 增大反应体系压强，化学反应速率一定增大。（ ）
8. 一般来说，某化学反应在其它条件相同时，升高温度，化学反应速率增大。（ ）
9. 当其他条件不变时，使用催化剂，化学反应速率一定增大。（ ）
10. 没有一种催化剂可以催化所有的反应。（ ）

四、简答题

1. 氨分解反应在容积为 1L 的密闭容器内进行。已知起始时氨气的物质的量为 2mol，5s 后为 1.2mol，则用氨气表示该反应的速率为多少？

2. 在日常生活中，我们为了延长食物的保鲜期，通常将食品放进冰箱，请结合化学反应速率的知识说明原因。

第三节　化学平衡

一、填空题

1. 各种化学反应中，反应进行的程度不同，有些反应的反应物实际上

姓名：_____ 学号：_____ 班级：_____ 分数：_____

全部转化为生成物，即所谓的反应_____。这种几乎只能向一个方向进行"到底"的反应叫做_____。用符号"____"表示。

2. 在同一反应条件下，能同时向正、反两个方向进行的反应叫_____。在化学方程式中用"_____"符号来表示。

3. 通常根据化学方程式，将从左到右进行的反应称为_____，从右到左进行的反应称为_____，反应物与生成物同时存在，任一组分的转化率都_____100%。

4. _____是指在一定条件下的可逆反应里，正反应和逆反应的_____，反应混合物中各组分的浓度_____的状态。

5. 化学平衡只有在一定的条件下才能保持，当一个可逆反应达到化学平衡状态后，如果改变_____、_____、等反应条件，平衡状态也随之改变。平衡混合物里各组分的浓度也会随之改变，最终在新的条件下达到新的_____。在可逆反应中，当平衡条件发生改变时，旧化学平衡被破坏，建立新化学平衡的过程叫做_____。

6. 在其他条件不变的情况下，增大反应物的浓度或减小生成物的浓度，都可以使化学平衡向_____的方向移动；减小反应物的浓度或增大生成物的浓度，都可以使化学平衡向_____的方向移动。

7. 在其他条件不变的情况下，_____，化学平衡向着气体体积缩小的方向移动；_____，化学平衡向着气体体积增大的方向移动。

8. 化学通常上把有热量放出的化学反应叫做_____；把吸收热量的化学反应叫做_____。对于可逆反应，如果正反应方向是放热的，则逆反应方向是_____的。在其他条件不变的情况下，温度升高，会使化学平衡向着_____的方向移动；温度降低，会使化学平衡向着_____的方向移动。

姓名：_____ 学号：_____ 班级：_____ 分数：_____

9. 催化剂能同等程度地改变正、逆反应的速率，因此它对化学平衡的移动_____。但当使用了催化剂时，能大大缩短_____。

10. 勒夏特列原理：如果改变影响平衡的一个条件（如浓度、压力或温度等），平衡就会向着_____移动。

11. 在一密闭容器中发生反应 $2NO+O_2 \rightleftharpoons 2NO_2$。若减小此容器的体积，气体压力会_____，气体颜色变_____，说明化学平衡向_____移动；若增大此容器的体积，气体压力会_____，气体颜色变_____，说明化学平衡向_____移动。

二、选择题

1. 下列对可逆反应的说法正确的是（　　）。

    A. 既能向正反应方向进行又能向逆反应方向进行的反应叫做可逆反应

    B. 在可逆反应里正反应的速率是正值，逆反应的速率是负值

    C. 可逆反应不能完全进行，存在一定的限度

    D. $2H_2+O_2 \xrightarrow{\text{点燃}} 2H_2O$ 与 $2H_2O \xrightarrow{\text{电解}} 2H_2\uparrow+O_2\uparrow$ 互为逆反应

2. 在一定条件下，使 NO 和 O_2 在一密闭容器中进行反应，下列说法中不正确的是（　　）。

    A. 反应开始时，正反应速率最大，逆反应速率为零

    B. 随着反应的进行，正反应速率逐渐减小，最后为零

    C. 随着反应的进行，逆反应速率逐渐增大，最后不变

    D. 随着反应的进行，正反应速率逐渐减小，最后不变

3. 可逆反应达到平衡时，混合物中各组成成分（　　）。

    A. 物质的量之比与化学方程式中的系数比相同

    B. 质量分数相同

    C. 浓度不断变大

姓名：_____ 学号：_____ 班级：_____ 分数：_____

D. 质量分数保持不变

4. 有关化学平衡状态的特征，下列说法正确的是（   ）。

  A. 化学平衡状态是一种动态平衡

  B. 平衡时反应已达到最大限度，反应停止了

  C. 平衡时各组分的浓度相等

  D. 所有的化学反应都存在化学平衡状态

5. 对处于化学平衡状态的体系，由化学平衡与化学反应速率的关系可知（   ）。

  A. 化学反应速率变化时，化学平衡一定发生移动

  B. 化学平衡发生移动时，化学反应速率一定变化

  C. 正反应进行的程度大，正反应速率一定大

  D. 改变压强，化学反应速率一定改变，平衡一定移动

6. 对化学平衡移动有影响的因素不包括（   ）。

  A. 浓度   B. 温度

  C. 压强   D. 催化剂

7. 下列说法不正确的是（   ）。

  A. 反应混合物各组分百分含量发生改变，化学平衡一定发生了移动

  B. 外界条件的改变引起 $v_{正} \neq v_{逆}$，则平衡一定发生移动

  C. 平衡移动，反应物的浓度一定减小

  D. 外界条件发生变化，化学平衡不一定移动

8. 下列能用勒夏特列原理解释的是（   ）。

  A. 高温及加入催化剂都能使合成氨的反应速率加快

  B. H_2、I_2、HI 平衡时的混合气体加压后颜色变深

  C. 红棕色的 NO_2 加压后颜色先变深后变浅

  D. SO_2 催化氧化成 SO_3 的反应，往往需要使用催化剂

9. 对于可逆反应 $FeCl_3 + 3KSCN \rightleftharpoons Fe(SCN)_3 + 3KCl$，能使体系颜色变深的条件是（   ）。

  A. 增加压力

  B. 使用催化剂

C. 增加反应物的浓度

D. 增加生成物的浓度

10. 测得化学反应速率随时间的变化关系如图所示，其中处于化学平衡状态的点是（　　）。

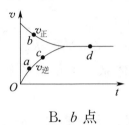

A. d 点　　　　　　　　　B. b 点

C. c 点　　　　　　　　　D. a 点

三、判断题（正确的打"√"，错误的打"×"）

1. 只有可逆反应才存在化学平衡状态。（　　）
2. 化学反应速率发生改变，说明化学平衡一定发生移动。（　　）
3. 化学平衡向正反应方向移动，$v_{逆}$ 一定比 $v_{正}$ 小。（　　）
4. 压强可以影响任意可逆反应的化学平衡状态。（　　）
5. 化学反应达到平衡状态时，正逆反应的速率都为零。（　　）
6. 增大压强平衡正向移动，反应物浓度会减小，生成物浓度会增大。（　　）
7. 温度是影响化学反应平衡常数的主要因素。（　　）
8. 对于可逆反应，若加入反应物，则反应先向正反应方向进行，停止后再向逆反应方向进行。（　　）
9. 催化剂只能改变化学反应速率，对化学平衡的移动无影响。（　　）
10. 改变反应条件，化学平衡一定发生移动。（　　）
11. 化学反应达到化学平衡状态时，反应混合物中各组分的浓度一定与化学方程式中对应物质的化学计量数成比例。（　　）
12. 可逆反应是指在同一条件下能同时向正、逆两个方向进行的反应。（　　）
13. 可逆反应中反应物和生成物同时存在。（　　）

姓名：_____ 学号：_____ 班级：_____ 分数：_____

四、简答题

1. 在袋装食品、瓶装药品中为什么要放入硅胶袋？

2. 在工业制硫酸的工艺要求中，为了提高产率，生产时常通入过量的空气，请结合化学平衡理论进行解释说明。

主题三

溶液与水溶液中的离子反应

第一节 溶液组成的表示方法

一、填空题

1. 物质的量，用符号____表示，其基本单位为____，简称____，符号为____。
2. 物质的量是表示_____的物理量。
3. 国际单位制（SI）规定：1mol 任何物质所含粒子的数目和_____所含粒子数目相等。0.012kg ^{12}C 含有_____个 ^{12}C 原子，这个数值称为_____，符号为____。
4. 微观粒子可以是_____、_____、_____，如：1mol Zn、1mol CO_2、1mol Cu^{2+} 等，也可以是_____、_____、_____等。
5. 物质的量（n）、阿伏伽德罗常数（N_A）与粒子数目（N）之间存在着下述关系：_____。
6. 1mol 任何粒子或物质的质量以_____为单位时，在数值上都与该粒子_____相等。我们将单位物质的量的物质所具有的质量，称为该_____。

姓名：_____ 学号：_____ 班级：_____ 分数：_____

7. 摩尔质量的符号为_____，基本单位为_____，常用的单位为_____。

8. 任何物质的摩尔质量，以_____为单位，在数值上应与粒子的_____。

9. 物质的量（n）、质量（m）和摩尔质量（M）之间存在着下述关系：_____。

10. 我们把温度为0℃、压力为101.325kPa时的状况规定为_____，把单位物质的量（即1mol）气体所占的体积叫做_____，符号为_____，单位为_____，在标准状况下，_____ L/mol。

11. 在相同的温度和压力下，相同体积的任何气体都含相同数目的分子。这个规律叫做_____定律。

12. 气体物质的量（n）、气体体积（V）和气体的摩尔体积（V_m）之间存在着下述关系：_____。

13. 物质的量浓度是以单位体积溶液里所含溶质的_____来表示的溶液浓度，用符号_____表示，常用的单位为_____，其数学表达式为：_____。

14. 对于溶液稀释，由于溶液稀释前后，溶液中溶质的_____不变，_____，即_____。

15. 溶液中溶质B的质量（m_B）与溶液质量（m）之比叫_____。

16. 用1L溶液里所含溶质的质量（g）来表示的溶液浓度，叫做_____。

17. 用溶质（液态）的体积占全部溶液体积的分数来表示的浓度，叫做_____。

18. 用两种液体配制溶液时，为了操作方便，有时用两种液体的体积比表示浓度，叫做_____。

19. 用溶液中溶质B的物质的量除以溶剂的质量来表示的浓度，叫_____。它在SI单位中表示为_____。

二、选择题

1. 30mL 0.5mol/L 的 NaOH 溶液加水稀释到 500mL，稀释后溶液中 NaOH 的物质的量浓度为（   ）。
   A. 0.3mol/L   B. 0.03mol/L
   C. 0.05mol/L   D. 0.04mol/L

2. 摩尔质量的单位是（   ）。
   A. g/mol   B. g·mol
   C. mol·g   D. mol/g

3. 欲配制 1L 0.1mol/L NaOH 溶液，应称取 NaOH（其摩尔质量为 40.01g/mol）（   ）。
   A. 0.4g   B. 1g
   C. 4g   D. 10g

4. 物质的量是（   ）。
   A. 物质所含粒子的数目   B. 物质的质量和物质所含粒子数目
   C. 物质的质量   D. 物质所含粒子数目的物理量的名称

5. 下列叙述中，正确的是（   ）。
   A. SO_2 的摩尔质量是 64g   B. 摩尔质量是物质式量的 $6.02×10^{23}$ 倍
   C. 1mol CO_2 的质量是 44g   D. 摩尔质量就是分子量，单位是 g

6. 下列物质中，质量最大的是（   ）。
   A. 0.1mol $NaHCO_3$ B. 0.2mol CO_2
   C. 0.3mol CO   D. 0.4mol O_2

7. 下列物质中，物质的量最大的是（   ）。
   A. 17g 氢氧根离子   B. $3.01×10^{23}$ 个氧分子
   C. 127g 单质碘   D. 0.1mol $NaHCO_3$ 中的氧原子

8. 下列物质中，所含分子数最多的是（   ）。
   A. 2.7g H_2O B. 4.4g CO_2
   C. 0.1mol N_2 D. 0.3mol H_2SO_4

9. 在标准状况下，下列气体中体积最大的是（   ）。

姓名：_____ 学号：_____ 班级：_____ 分数：_____

A. 0.1mol N_2 B. 36g O_2
C. 20g CO D. 22.4L CO_2

10. 配制 100mL 1mol/L NaCl 溶液，需要（　　）。
    A. 99mL 水　　　　　B. 58g NaCl 固体
    C. 100mL 水　　　　D. 5.8g NaCl 固体

11. 2g 下列物质中，物质的量最小的是（　　）。
    A. H_2O　　　B. SO_2
    C. CO　　　　D. HCl

12. 同温同压下，相同质量的下列气体中，体积最小的是（　　）。
    A. O_2　　　B. SO_2
    C. NH_3　　D. CO

三、判断题（正确的打"√"，错误的打"×"）

1. 摩尔是物质的量的单位，简称摩，符号为 mol。（　　）
2. 摩尔是国际科学界建议采用的七个物理量之一。（　　）
3. 含 $3.01×10^{23}$ 个钾原子的钾的物质的量为 0.5mol。（　　）
4. 1mol CO_2 和 1mol H_2SO_4 所含的分子数不相同。（　　）
5. 1mol O_2 的质量是 32g。（　　）
6. 物质的量是表示物质所含微观粒子数目多少的物理量。（　　）
7. 微观粒子只能是原子、分子、离子。（　　）
8. 微观粒子也可以是电子、中子、质子等。（　　）
9. 任何物质的摩尔质量，以 g/mol 为单位，在数值上应与粒子的化学式的式量相同。（　　）
10. H_2 的摩尔质量为 2g/mol；NaOH 的摩尔质量为 40g/mol。（　　）
11. 在标准状况时，1mol 任何气体所占的体积都约为 22.4L。（　　）
12. 在相同的温度和压力下，相同体积的任何气体都含相同数目的分子。（　　）
13. 对于溶液稀释，溶液稀释前后，溶液中溶质的物质的量不变。（　　）
14. 质量分数是 0.98 的硫酸溶液，表示 100g 溶液里含有硫酸 98g，也

姓名：_____ 学号：_____ 班级：_____ 分数：_____

可以用百分数表示，即 $\omega(H_2SO_4)=98\%$。 （ ）

15. 市售浓酸、浓碱大多用质量浓度表示。 （ ）

16. 在 1L 氯化钠溶液中含有氯化钠 150g，则氯化钠溶液的质量浓度就是 150g/L。 （ ）

17. 质量浓度常用于电镀工业中配制电镀液。 （ ）

18. 体积分数是 60% 的乙醇溶液，表示 100mL 溶液里含有乙醇 60mL，也可以说将 60mL 乙醇溶于水配成 100mL 乙醇溶液。 （ ）

19. 乙醇的体积分数是商业上表示酒类浓度的方法。白酒、黄酒、葡萄酒等酒类的"度"（以°标示），就是指酒精的体积分数。例如：60% 的酒写成 60°。 （ ）

20. 体积比浓度只在对浓度要求精确时使用。 （ ）

21. 质量摩尔浓度常用来研究难挥发的非电解质稀溶液的性质，如：蒸气压下降、沸点上升、凝固点下降和渗透压。 （ ）

22. 将 1g NaOH 固体溶于水配成 250mL 溶液，此溶液中 NaOH 的物质的量浓度为 0.2。 （ ）

23. 配制 200mL 1.0mol/L H_2SO_4 溶液，需要 10mol/L H_2SO_4 溶液的体积是 20mL。 （ ）

24. 从 1L 1mol/L 的醋酸溶液中移取 50mL，取出的醋酸溶液的物质的量浓度是 2mol/L。 （ ）

25. 中和 20mL 0.2mol/L 的 NaOH 溶液，用去盐酸 50mL，该盐酸的物质的量的浓度为 0.08mol/L。 （ ）

26. 0.2g H_2 在足量的 O_2 中完全燃烧，生成的 H_2O 的物质的量是 0.1mol。 （ ）

27. 在 100mL 硫酸钠溶液中溶有 0.2g 硫酸钠，则该溶液的质量浓度为 2g/L。 （ ）

28. 配制质量浓度为 0.5g/L 的氯化钠溶液 100mL，需称量固体氯化钠 0.5g。 （ ）

29. 溶液的质量浓度就是溶质的质量分数。 （ ）

30. 溶液的质量浓度与溶液的密度没有本质的区别。 （ ）

姓名：_____ 学号：_____ 班级：_____ 分数：_____

31. 1mol 任何物质都约含有 $2.3×10^{23}$ 个原子。 （ ）
32. 28g 氮相当于 1mol 氮。 （ ）
33. 同温同压下，1mol 任何气体的体积都均为 22.4L。 （ ）
34. 1mol 氧气的体积约为 22.4L。 （ ）
35. 在标准状况下，1mol 氢的体积为 22.4L。 （ ）
36. 在标准状况下，任何气体的摩尔体积都约为 22.4L/mol。 （ ）
37. 2mol 氧气的质量是 64g。 （ ）
38. 0.1mol $Al(OH)_3$ 中，氢原子的个数为 $0.2N_A$。 （ ）
39. 氯化钠的摩尔质量等于它的分子量。 （ ）
40. 在标准状况下，0.1mol 氢气与 0.1mol 氮气所含分子数相等。 （ ）
41. "HCl 的物质的量"也可以说成是 HCl 的量，因为 HCl 就是一物质。 （ ）
42. 22.4L O_2 中一定含有 $6.02×10^{23}$ 个氧分子。 （ ）
43. 18g H_2O 在标准状况下的体积是 22.4L。 （ ）
44. 80g NaOH 溶解在 320mL 水中，所得溶液的质量分数为 20%。 （ ）
45. 配制 200g 40%NaOH 溶液，需称取 80g 固体 NaOH 量取 200mL 水。 （ ）
46. 95%乙醇是指 100mL 乙醇中含有 95g 乙醇。 （ ）
47. 物质的量中关联使用的常数为阿伏伽德罗常数。 （ ）

四、计算题

1. 90g 水的物质的量是多少？

2. 32g 氧气的物质的量是多少？

姓名：_____　学号：_____　班级：_____　分数：_____

3. 1mol 不同的气态物质，在标准状况下，体积相同吗？已知下列气体在标准状况下，请试着填下表：

物质	物质的量/mol	质量/g	体积/cm³
H_2	1		
O_2	1		
CO_2	1		

4. 计算下列气体在标准状况下的体积：

（1）45g NO　（2）28g CO　（3）16g SO_2　（4）9.2g NO_2

第二节　弱电解质的解离平衡

一、填空题

1. 在水溶液中或熔融状态下_____的化合物叫做_____。
   在水溶液中或熔融状态下_____的化合物叫做_____。
2. 酸、碱、盐都是_____，它们在水溶液中_____，是因为在溶液中_____，产生了_____，这些带电离子在外电场的作用下，做定向移动的结果。
3. 大多数有机化合物，如酒精、蔗糖等都是_____，

姓名：_____ 学号：_____ 班级：_____ 分数：_____

非电解质_____而以分子形态存在，因而非电解质_____。

4. 电解质在_____状态下_____的过程叫做_____。

5. 电解质溶液导电能力强弱不同的原因在于不同的电解质在水中的_____。

6. 根据电解质在溶液中的_____的大小，可将电解质分为_____和_____。

7. 我们把在水溶液中_____的电解质，称为_____，强电解质在水溶液中_____形式存在，通常用_____表示_____。

8. 强电解质包括_____、_____和_____。

9. 我们把在水溶液中_____的电解质称为_____，弱电解质在水溶液中_____解离成离子，大部分仍然以分子形式存在，通常用_____表示_____。

10. 弱电解质包括_____、_____和_____。

11. 在一定条件中，当电解质分子解离成离子的速率_____离子结合成分子的速率时，未解离的分子和离子间建立起_____，这种动态平衡称为_____。

二、选择题

1. 下列物质中，不属于电解质的是（   ）。
   A. NaOH   B. H_2SO_4
   C. 蔗糖   D. NaCl

2. 下列物质中，都是强电解质的是（   ）。
   A. 铁、硫酸铜、蔗糖   B. 酒精、氨水、氯化铁
   C. 汽油、醋酸、氯化铜   D. 碘化钠、硝酸银、氢氧化钠

3. 弱电解质在水溶液中的存在形式是（   ）。
   A. 全部是分子形式   B. 全部是离子形式

姓名：_____ 学号：_____ 班级：_____ 分数：_____

C. 部分分子形式和部分离子形式　　D. 无法判断

4. 下列物质在水溶液中是部分解离的是（　　）。
   A. NaOH   B. H_2SO_4
   C. 醋酸   D. NaCl

5. 下列物质在水溶液中属于弱电解质的是（　　）。
   A. NaOH   B. H_2SO_4
   C. $NH_3 \cdot H_2O$ D. NaCl

三、判断题（正确的打"√"，错误的打"×"）

1. 盐酸属于强电解质。　　　　　　　　　　　　　　　　（　）
2. 醋酸属于弱电解质。　　　　　　　　　　　　　　　　（　）
3. 浓度相同时，盐酸的酸性比醋酸强。　　　　　　　　　（　）
4. 浓度相同时，盐酸的导电性比醋酸强。　　　　　　　　（　）
5. 盐酸和醋酸在水溶液中都完全解离。　　　　　　　　　（　）
6. 弱酸溶液愈稀，其电离度愈大，因而酸度亦愈大。　　　（　）
7. 导电能力强的电解质，一定是强电解质。强电解质导电性一定很强。
　　　　　　　　　　　　　　　　　　　　　　　　　　（　）
8. 电解质在溶液中达到解离平衡时，分子浓度和离子浓度相等。
　　　　　　　　　　　　　　　　　　　　　　　　　　（　）
9. 解离平衡是动态平衡。　　　　　　　　　　　　　　　（　）
10. 达到解离平衡时，各种离子的浓度相等。　　　　　　（　）
11. 解离平衡是相对的，当外界条件改变时，平衡就会发生移动。
　　　　　　　　　　　　　　　　　　　　　　　　　　（　）
12. 弱电解质在溶剂中只部分解离。　　　　　　　　　　（　）
13. 弱电解质的解离是一个可逆过程。　　　　　　　　　（　）
14. 强电解质解离过程不可逆，无解离平衡。　　　　　　（　）
15. 强电解质溶液中的微粒有阴离子和阳离子，无电解质分子。（　）
16. 弱电解质是溶于水后完全解离的电解质。　　　　　　（　）
17. 强电解质是溶于水后部分解离的电解质。　　　　　　（　）

18. 弱电解质同时存在阴离子、阳离子和电解质分子。（   ）
19. 弱酸、弱碱和水属于弱电解质。（   ）
20. 强电解质都是可溶性化合物，弱电解质都是难溶性化合物。（   ）

四、简答题

写出下列电解质的解离方程式：
(1) NaOH　　(2) HCl　　(3) NH_4Cl　　(4) Na_2SO_4　　(5) $NH_3 \cdot H_2O$
(6) H_2CO_3

第三节　水的离子积和溶液的 pH

一、填空题

1. 水是一种_____的电解质，可以发生微弱的解离，产生极少量的_____。

2. 实验测得，25℃时1L纯水中只有_____的水分子发生解离。由于水总是解离出等量的 H^+ 和 OH^-，因此，纯水中_____。

3. K_w 叫做水的_____，简称水的离子积，它是一个_____，只与_____有关，即不同温度下水的离子积_____。但在室温附近变化很小，一般认为 $K_w =$ _____。

姓名：_____ 学号：_____ 班级：_____ 分数：_____

4. $c(H^+)c(OH^-)=1\times10^{-14}$ 这一关系式不仅适用于_____，也适用于任何_____、_____、_____，即在纯水和以水作溶剂的稀溶液中都_____。

5. 溶液中的 $c(H^+)$ 和 $c(OH^-)$ 的相对大小，决定了溶液的酸碱性：

   $c(H^+)>c(OH^-)$ $c(H^+)>10^{-7}$ _____

   $c(H^+)=c(OH^-)$ $c(H^+)=10^{-7}$ _____

   $c(H^+)<c(OH^-)$ $c(H^+)<10^{-7}$ _____

6. 溶液的酸碱度通常采用 $c(H^+)$ 的负对数来表示，这个值称为溶液的_____。

7. pH 的范围在_____，若超出此范围，直接用_____表示。

8. pH 越小，$c(H^+)$ 越大，溶液的_____越强；pH 越大，$c(H^+)$ 越小，溶液的_____越强。

9. 溶液的 pH 相差 1 个单位，$c(H^+)$ 就相差_____倍。

10. 人体血液的 pH 正常范围是_____，若 pH<7.35，人体会出现____中毒；若 pH>7.45，人体会出现_____中毒；如果血液 pH 偏离 pH 正常范围____个单位，平衡就会打破，严重的会危及生命。

11. 酸碱指示剂是常用的_____的试剂；检测要求_____，可以用_____等仪器。

12. 检测要求_____，可简单地使用_____、_____等，这些试纸在不同酸碱度的溶液里，显示_____颜色。测定时，把待测溶液_____pH 试纸上，然后把试纸显示的颜色跟_____对照，便可知道溶液的_____。

二、选择题

1. 生活中一些常见食物的 pH 如下：

姓名：_____ 学号：_____ 班级：_____ 分数：_____

食物	豆浆	牛奶	葡萄汁	苹果汁
pH	7.4～7.9	6.3～6.6	3.5～4.5	2.9～3.3

人体疲劳时血液中产生较多的乳酸，使体内 pH 减小。为缓解疲劳，需补充上述食物中的（　　）。

 A. 苹果汁   B. 葡萄汁

 C. 牛奶   D. 豆浆

2. 人类的第二杀手——心血管疾病，对人类的身心健康造成了极大的危害。这类疾病患者大多属于酸性体质，应经常食用碱性食品。根据以下表中的信息，这类患者应经常食用的食物为（　　）。

食物	苹果	葡萄	牛奶	豆制品
pH	2.9～3.3	3.5～4.5	6.3～6.6	7.4～7.9

 A. 牛奶   B. 豆制品

 C. 葡萄   D. 苹果

3. 相同物质的量浓度的下列溶液中 pH 最大的是（　　）。

 A. KOH   B. HCl

 C. $NH_3 \cdot H_2O$ D. CH_3COOH

4. 物质的量浓度相同的下列物质的水溶液，其 pH 最大的是（　　）。

 A. NaCl   B. NH_4Cl

 C. NH_4Ac D. Na_2CO_3

5. 中性溶液严格地讲是指（　　）。

 A. pH＝6.0 的溶液   B. $[H^+]=[OH^-]$ 的溶液

 C. pOH＝8.0 的溶液   D. pH＋pOH＝14.0 的溶液

6. 在 NaOH 溶液中，正确的是（　　）。

 A. 没有 H^+ B. H^+ 和 OH^- 一样多

 C. OH^- 比 H^+ 多   D. H^+ 比 OH^- 多

7. 某溶液的 pH 由 8 减至 6，则溶液中的氢离子浓度是原来的（　　）。

 A. 0.5 倍   B. 2 倍

C. 50 倍　　　　　　　　D. 100 倍

8. 常温下，在 1mol/L 的氨水溶液中，水的离子积是（　　）。

　　A. 1.0×10^{-13}　　　　　B. 1.0×10^{-14}

　　C. 1.8×10^{-13}　　　　　D. 1.8×10^{-14}

9. 下列溶液中，一定显碱性的是（　　）。

　　A. pH>7 的溶液　　　　　B. pH<7 的溶液

　　C. pH=7 的溶液　　　　　D. pH 试纸显红的溶液

10. 下列溶液中，一定显酸性的是（　　）。

　　A. pH>7 的溶液　　　　　B. pH<7 的溶液

　　C. pH=7 的溶液　　　　　D. 加入酚酞显无色的溶液

三、判断题（正确的打"√"，错误的打"×"）

1. 纯净水的 pH=7，则可以说 pH 为 7 的溶液就是纯净水。（　　）
2. 由于水总是解离出等量的 H^+ 和 OH^-，因此，纯水中 $c(H^+)=c(OH^-)=1 \times 10^{-7}$ mol/L。（　　）
3. 酸的浓度就是酸度。（　　）
4. 在纯水中加入一些酸，则溶液中的 [H^+] 与 [OH^-] 的乘积增大了。（　　）
5. 在 25℃ 的碱性水溶液中，[H^+]>10^{-7}。（　　）
6. 在纯水中加入少量的酸或碱，水的离子积无变化。（　　）
7. 水的离子积数值随温度变化。（　　）
8. 酸性溶液中只有 H^+，没有 OH^-。（　　）
9. pH 升高 2，OH^- 的浓度会增大到原来的 100 倍。（　　）
10. 在相同浓度的两种一元酸中，它们的氢离子浓度一定相等。（　　）
11. 当溶液的 pH=6 时，其 pOH=8。（　　）
12. 在纯水中加入一些酸，则溶液中的 [H^+] 减少。（　　）
13. 实验测得，25℃ 时 1L 纯水中只有 1×10^{-7} mol 的水分子发生解离。（　　）
14. pH 的范围在 0~10。（　　）

15. pH 越小，$c(H^+)$ 越大，溶液的碱性越强。（ ）
16. pH 越大，$c(H^+)$ 越小，溶液的碱性越强。（ ）
17. 溶液的 pH 相差 1 个单位，$c(H^+)$ 就相差 100 倍。（ ）
18. 人体血液的 pH 正常范围是 7.35～7.45。（ ）
19. 检测要求不高，可以用 pH 计（也称酸度计）等仪器。（ ）
20. 检测要求精确，可简单地使用 pH 试纸、石蕊试纸等。（ ）
21. 测定时，把 pH 试纸放进待测溶液中。（ ）
22. 测定溶液的 pH 有多种方法，可以根据检测要求的精确度选用不同的方法。（ ）
23. 相同浓度的酸离解常数愈大，它的水溶液的 pH 值越低。（ ）
24. 在纯水中加入少量盐酸，水的离子积（K_w）仍为 10^{-14}。（ ）

四、简答题

1. 如下图所示是人体内几种体液或代谢产物的正常 pH，其中哪些偏酸性，哪些偏碱性？

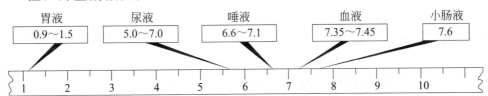

2. 用 pH 试纸测定食醋的酸碱度时，甲、乙两位同学的操作如下：
   （甲）直接把 pH 试纸浸入待测溶液中；
   （乙）用蒸馏水将试纸润湿，然后把食醋滴到 pH 试纸上。
   你认为甲、乙两同学的测定结果是否可靠？为什么？

第四节　离子反应和离子方程式

一、填空题

1. 电解质溶于水后，会＿＿＿＿＿＿＿＿＿＿解离成离子，所以电解质在溶液中所起的反应实质上就是＿＿＿＿＿＿之间的反应，我们把凡有离子参加的化学反应叫做＿＿＿＿＿＿＿＿。
2. 离子反应的发生需要一定的条件，只有当生成物中有＿＿＿＿＿＿、＿＿＿＿＿＿、＿＿＿＿＿＿产生时，离子反应才能发生。
3. 我们把用实际参加反应的离子的符号和化学式来表示离子反应的式子叫＿＿＿＿＿＿＿＿＿。
4. 离子方程式的书写主要包括＿＿＿＿＿、＿＿＿＿＿、＿＿＿＿＿、＿＿＿＿＿四个步骤。

二、选择题

1. 下列各组溶液不能发生离子反应的是（　　）。
   A. $Na_2CO_3 + KCl$　　　　B. $CuSO_4 + NaOH$
   C. $H_2SO_4 + BaCl_2$　　　　D. $Na_2CO_3 + HCl$
2. 下列各组溶液能发生离子反应的是（　　）。
   A. $Na_2CO_3 + KCl$　　　　B. $CuSO_4 + NaCl$
   C. $Na_2SO_4 + BaCl_2$　　　　D. $Na_2CO_3 + KNO_3$
3. 下列各组溶液中，不能生成白色沉淀的是（　　）。
   A. $AgNO_3 + KCl$　　　　B. $Na_2SO_4 + BaCl_2$
   C. $AgNO_3 + KI$　　　　D. $Na_2CO_3 + CaCl_2$
4. 下列各组溶液中，能生成白色沉淀的是（　　）。
   A. $AgNO_3 + KI$　　　　B. $AgNO_3 + KCl$

C. $AgNO_3 + KBr$　　　　D. $Na_2CO_3 + HCl$

5. 下列各组溶液中，能产生气体的是（　　）

　　A. $AgNO_3 + KI$　　　　B. $Na_2CO_3 + HCl$

　　C. $KNO_3 + BaCl_2$　　　D. $CuSO_4 + HCl$

三、判断题（正确的打"√"，错误的打"×"）

1. 任意两种电解质溶液都能发生离子反应。　　　　　　　　　（　　）
2. 离子反应的三个条件是，生成物中有沉淀、气体或弱电解质（包括水）产生。　　　　　　　　　　　　　　　　　　　　　　　　（　　）
3. 硫酸铜溶液与氢氧化钠可以发生离子反应。　　　　　　　　（　　）
4. 硫酸铜溶液与氯化钠可以发生离子反应。　　　　　　　　　（　　）
5. 碳酸钠溶液与盐酸不可以发生离子反应。　　　　　　　　　（　　）
6. 稀硫酸与氯化钡溶液不可以发生离子反应。　　　　　　　　（　　）

四、简答题

1. 在日常生活中，烧水用的铝壶使用一段时间后，壶底上会形成水垢，可用稀醋酸溶解的方法，把水垢除去。请试着写出离子方程式。

2. 离子反应的三个条件是什么，并分别举例。

3. 写出下列反应的离子方程式
　　(1) $Fe_2O_3 + H_2SO_4$

(2) $Zn + H_2SO_4$

(3) $CuSO_4 + Ba(OH)_2$

(4) $Na_2CO_3 + HCl$

(5) $AgNO_3 + KCl$

第五节　盐的水解

一、填空题

1. 根据形成盐的酸和碱的_____，可将盐分成四类：_____、_____、_____、_____。

2. 盐溶液有的_____，_____，_____。

3. 盐溶液的酸碱性与盐的类型有关，强碱弱酸盐的溶液显_____，强酸弱碱盐的溶液显_____。

4. 由于盐在溶液中，组成盐的离子能与水解离出来的少量的 H^+ 或 OH^- 发生反应_____，使溶液中 H^+ 和 OH^- 的浓度_____，盐溶液便呈现出一定的_____。

5. 溶液中盐的离子与水解离出的 H^+ 或 OH^- 作用生成_____的反应，称为_____。

6. 强酸弱碱盐 NH_4Cl 水溶液显酸性的原因：由 NH_4Cl 解离出的 NH_4^+ 与水解离出 OH^- 作用生成弱电解质 $NH_3 \cdot H_2O$，消耗了溶液中_____，使水的解离平衡向右移动，最终导致溶液中_____，从而使溶液显_____。

7. 强碱弱酸盐 CH_3COONa 水溶液显碱性的原因：由 CH_3COONa 解离出的 CH_3COO^- 与水解离出 H^+ 作用生成了弱电解质 CH_3COOH，消耗了溶液中_____，使水的解离平衡向右移动，最终导致溶液中_____，从而使溶液显_____。

8. 盐类水解遵循以下规律：_____
_____。

9. 由于盐类水解反应一般是_____，故反应方程式中要写_____号。

10. 一般盐类水解的程度很小，水解产物的量也很少，通常_____，也_____，在书写方程式时，一般不标_____，也不把生成物写成其_____的形式。

二、选择题

1. 在医院，为酸中毒的病人输液不应采用（　　）。
   A. 0.9%氯化钠溶液　　　　B. 0.9%的氯化铵溶液
   C. 0.25%碳酸氢钠溶液　　D. 5%葡萄糖溶液

2. 下列溶液中，酸性最强的是（　　）。
   A. NaCl　　　　　　　　　B. NH_4Cl
   C. Na_2CO_3　　　　　　　D. NaAc

3. 下列溶液中，碱性最强的是（　　）。
   A. NaCl　　　　　　　　　B. NH_4Cl
   C. Na_2CO_3　　　　　　　D. NaAc

4. 室温下，下列物质的溶液 pH>7 的是（　　）。
   A. NaCl　　　　　　　　　B. NH_4Cl
   C. $NaNO_3$　　　　　　　D. $NaHCO_3$

5. 为了抑制 NH_4Cl 的水解，可以采用的方法是（　　）。
   A. 加盐酸　　　　　　　　B. 加氢氧化钠
   C. 加水稀释　　　　　　　D. 加热

三、判断题（正确的打"√"，错误的打"×"）

1. 通常盐类水解程度是很小的，而且是可逆的。　　　　　　（　　）
2. 盐溶液都是显酸性的。　　　　　　　　　　　　　　　　（　　）

3. 盐溶液都是显中性的。（   ）
4. 强碱弱酸盐的溶液显碱性，强酸弱碱盐的溶液显酸性。（   ）
5. $NaHCO_3$ 和 Na_2HPO_4 两种物质均含有氢，这两种物质的水溶液都呈酸性。（   ）
6. $NaHCO_3$ 和 Na_2CO_3 两种物质的水溶液都呈碱性。（   ）
7. 盐的离子水解必然使水的解离平衡受到破坏。（   ）
8. 盐的离子水解使水的解离平衡向解离方向移动。（   ）
9. 阳离子水解使溶液中的 H^+ 浓度增大。（   ）
10. 盐类水解过程破坏了纯水的解离平衡。（   ）

四、简答题

1. 盐类水解的实质是什么？

2. 盐类水解的规律是什么？

3. 盐类水解的离子方程式书写过程中应注意的问题是什么？

4. 举例说明盐水解在生活中的应用。

姓名：_____ 学号：_____ 班级：_____ 分数：_____

5. 明矾为什么可以净化水？

6. 泡沫灭火器的原理是什么？

第六节　学生实验　溶液的配制、稀释和 pH 的测定

一、填空题

1. 配制一定物质的量浓度，需要使用_____，配制步骤为：_____、_____、_____、_____、_____、_____。
2. 用已知浓度的浓溶液配制稀溶液时，配制步骤为：_____、_____、_____、_____、_____、_____。

二、选择题

1. 使用浓盐酸、浓硝酸，必须在（　　）中进行。
   A. 大容器　　　　　　B. 玻璃器皿
   C. 耐腐蚀容器　　　　D. 通风橱
2. 实验室废酸废碱处理方法：（　　）。
   A. 直接排入下水道
   B. 经中和后用大量水稀释排入下水道

姓名：_____ 学号：_____ 班级：_____ 分数：_____

  C. 收集后利用   D. 加入吸附剂吸附有害物

3. 现需要配制 0.1000mol/L $K_2Cr_2O_7$ 溶液，下列量器中最合适的是（ ）。

  A. 容量瓶   B. 量筒

  C. 刻度烧杯   D. 酸式滴定管

4. 欲配制 1000mL 0.1mol/L HCl 溶液，应取浓盐酸（12mol/L HCl）（ ）。

  A. 0.84mL   B. 8.4mL

  C. 1.2mL   D. 12mL

5. 欲配制 0.2mol/L 的 H_2SO_4 溶液和 0.2mol/L 的 HCl 溶液，应选用（ ）量取浓酸。

  A. 量筒   B. 容量瓶

  C. 酸式滴定管   D. 移液管

6. 欲配制 3mol/L 的 H_2SO_4 溶液，在 1000mL 纯水中应加入浓 H_2SO_4（18mol/L）的体积是（ ）。

  A. 167mL   B. 150mL

  C. 200mL   D. 180mL

7. 下列操作中，哪个是容量瓶不具备的功能？（ ）

  A. 直接法配制一定体积准确浓度的标准溶液

  B. 定容操作

  C. 测量容量瓶规格以下的任意体积的液体

  D. 准确稀释某一浓度的溶液

8. 将固体溶质在小烧杯中溶解，必要时可加热。溶解后溶液转移到容量瓶中时，下列操作中错误的是（ ）。

  A. 趁热转移

  B. 使玻璃棒下端和容量瓶颈内壁相接触，但不能和瓶口接触

  C. 缓缓使溶液沿玻璃棒和颈内壁全部流入容量瓶内

  D. 用洗瓶小心冲洗玻璃棒和烧杯内壁 3~5 次，并将洗涤液一并移至容量瓶内

姓名：_____ 学号：_____ 班级：_____ 分数：_____

9. 使用容量瓶时，下列哪个操作是正确的？（   ）
   A. 将固体试剂放入容量瓶中，加入适量的水，加热溶解后稀释至刻度
   B. 热溶液应冷至室温后再移入容量瓶稀释至标线
   C. 容量瓶中长久贮存溶液
   D. 闲置不用时，盖紧瓶塞，放在指定的位置

10. 如发现容量瓶漏水，则应（   ）。
    A. 调换磨口塞   B. 在瓶塞周围涂油
    C. 停止使用   D. 摇匀时勿倒置

三、判断题（正确的打"√"，错误的打"×"）

1. 容量瓶在闲置不用时，应在瓶塞及瓶口处垫一纸条，以防黏结。
（   ）

2. 定容时，将容量瓶放在桌面上，使刻度线和视线保持水平，滴加蒸馏水至弯月面下缘与标线相切。（   ）

3. 稀释至总容积的 3/4 时，将容量瓶拿起，盖上瓶塞，反复颠倒摇匀。
（   ）

4. 将固体试剂放入容量瓶中，加入适量的水，加热溶解后稀释至刻度。
（   ）

5. 在用容量瓶配制溶液时，先将固体试剂称量后倒入容量瓶，加溶剂溶解后定容，摇匀。（   ）

6. 容量瓶配制溶液，用溶剂稀释到刻度，盖好盖，用右手手掌抵住瓶底，将瓶上下转动、摇匀即可。（   ）

7. 在无玻璃棒时，可临时用玻璃温度计代替玻璃棒搅拌溶液。（   ）

8. 取用 9mL 液体，应使用 10mL 量筒量取。（   ）

9. 配制硫酸、盐酸和硝酸溶液时都应在搅拌条件下将酸缓慢注入水中。
（   ）

10. 容量瓶漏水，可以在瓶塞周围涂油。（   ）

四、简答题

1. 配制 250mL 1.0mol/L 的 H_2SO_4 溶液,需要 18mol/L 的 H_2SO_4 溶液的体积是多少?

2. 某同学用容量瓶配制溶液,加水时不慎超过了刻度线,他把水倒出一些,重新加水到刻度线,这样做会造成什么结果?

3. 为什么在转移溶液进入容量瓶后还要洗涤烧杯 2~3 次?且要求将洗涤液全部转入容量瓶中?

主题四

常见无机物及其应用

第一节 常见非金属单质及其化合物

一、填空题

1. 在已知的所有元素中，共有_____非金属元素（不含稀有气体元素）。其中绝大部分位于元素周期表的_____部分。

2. 氢元素位于ⅠA族，但它不是_____元素。

3. 地壳中含量最多的元素是____，其次是_____，它们构成了地壳的_____。

4. 空气中含量最多的元素是____，其次是____，它们是地球生命的_____元素。

5. 人体生理必需的食用盐——_____中含有____元素和____元素。

6. 非金属单质在常温下除溴外一般是_____或_____。

7. 硅是重要的_____材料，可用于制造_____和_____，是电子工业中最重要的材料。

8. 非金属元素原子最外层电子数一般_____4，主要体现为_____，_____。

9. 非金属单质的_____，其相应的阴离子_____。

姓名：_____ 学号：_____ 班级：_____ 分数：_____

10. 在元素周期表中，越向左下方，元素_____；越向右上方，元素的_____。
11. 卤族元素的非金属性_____。
12. 非金属性最强的元素是_____。
13. 卤素单质均为双原子的_____。
14. 氯气是很典型的_____单质，化学性质_____，能与许多物质发生反应。
15. 氯气与氢气化合的产物_____溶于水，就成为我们常用的_____。
16. 在25℃时，1体积的水可溶解约2体积的氯气，氯气的水溶液称为_____。
17. 常温下，溶于水中的部分氯气与水发生反应，生成_____。
18. 次氯酸（HClO）_____，在光照下容易分解生成_____和_____。
19. 次氯酸是_____，能杀死_____，常用氯气对自来水（1L水中约通入0.002g氯气）进行_____。我们偶尔闻到的自来水散发出来的刺激性气味就是_____的气味。
20. 次氯酸还具有_____，可以使染料和有机色素褪色，可用做_____。
21. 氯气具有杀菌漂白能力，是由于它与_____，所以，干燥的氯气_____这种性质。
22. 在常温下，将氯气通入_____溶液中可以得到以_____为有效成分的_____。
23. 将 Cl_2 通入冷的_____中即制得以_____为有效成分的_____。
24. 氯气是一种_____，会损伤人的_____，严重时会发生肺水肿，使循环作用困难而致死亡。因此，使用氯气要十分注意_____。
25. 氮气的性质_____，_____和其他物质发生化学反应。

姓名：_____ 学号：_____ 班级：_____ 分数：_____

26. 在雷雨天，大气中常有_____气体生成。

27. 通过闪电产生含氮化合物的过程称为_____，这是自然固氮的一种途径。自然固氮的另一种途径为_____，这种固氮是自然界中的一些微生物种群将空气中的_____通过生物化学转化为_____的过程。

28. 自然固氮远远不能满足农业生产需求，因此在工业上通常用_____生产各种化肥。

29. 硫是一种非常重要的非金属元素，在点燃或加热条件下，能与_____、_____、_____等物质发生化学反应。

30. 硫具有_____，其蒸气能与氢气直接化合生成_____气体。

31. 氨气是一种_____的气体，它极易溶于水，常温、常压下1体积水可溶解700倍体积氨形成氨水 $NH_3 \cdot H_2O$，$NH_3 \cdot H_2O$ 很不稳定，受热会分解出_____。

32. 氨是一种重要的化工原料，可用来制造_____、_____、_____等。氨也是尿素、纤维、塑料等_____的原料。

33. 硫化氢（H_2S）是一种_____、_____气体，浓度低时带恶臭，气味如臭鸡蛋，浓度高时反而闻不到气味（因为高浓度的硫化氢可以麻痹嗅觉神经）。

34. 硫化氢是一种_____，在空气中燃烧时，可被氧化生成_____。

35. 硫化氢在空气中能_____，具有_____。

36. 氯化氢（HCl）为_____的气体。它易溶于水，在0℃时，1体积的水大约能溶解500体积的氯化氢。

37. 氯化氢的水溶液呈_____，习惯上称为_____。

38. 由氮、氧两种元素组成的化合物称为_____，常见的氮氧化物有_____、_____、_____、_____等，其中除五氧化二氮在常温常压下呈固态外，其他氮氧化物常温常压下都呈气态。

39. 一氧化氮不溶于水，在常温下很容易与空气中的氧气反应生成_____。

40. NO_2 与水反应生成_____。

41. 二氧化硫具有_____，它能漂白某些有色物质。此外，二氧化硫还用于_____、_____等。

42. 浓硫酸具有_____，常温下，浓硫酸能使铁、铝等金属_____，另外浓硫酸还具有_____，可用来作为干燥剂。

43. 三氧化硫极易溶于水，生成_____，同时放出大量的热，所以，三氧化硫也叫_____。

44. 浓硫酸具有_____，能将糖类化合物中的水分脱去，留下黑色的_____。

45. 碳酸根离子（CO_3^{2-}）能与 $BaCl_2$ 溶液反应，生成白色的_____沉淀，该沉淀溶于_____，生成无色无味、能使澄清石灰水变浑浊的_____气体。

46. 硫酸根离子（SO_4^{2-}）能与含 Ba^{2+} 的溶液反应，生成白色_____沉淀，不溶于_____。

47. Cl^-、Br^- 和 I^- 与硝酸银（$AgNO_3$）反应，分别生成_____、_____、_____。三种沉淀呈现不同的颜色，不溶于_____，也不溶于_____。

48. I^- 能与_____反应，生成_____，使淀粉溶液_____。

49. 铵根离子（NH_4^+）能与碱作用逸出有_____的气体，用湿润的红色石蕊试纸接近管口，红色石蕊试纸变成_____，说明有_____生成。

二、选择题

1. 下列过程属于自然固氮的是（_____）。
   A. 镁在氮气中燃烧　　　　B. 雷雨固氮
   C. 合成氨　　　　　　　　D. 模拟生物固氮

2. 下列气体中，黄绿色且有刺激性气味的气体是（_____）。

姓名：_____ 学号：_____ 班级：_____ 分数：_____

　　A. O_2　　　　　　　　　B. CO_2
　　C. N_2　　　　　　　　　D. Cl_2

3. 下列说法均摘自某科普杂志，你认为无科学性错误的是（　　）。
   A. 铅笔芯的原料是金属铅，儿童在使用时不可用嘴吮咬铅笔，以免引起铅中毒
   B. 一氧化碳有毒，生有煤炉的居室，可放置数盆清水，这样可有效地吸收一氧化碳，防止煤气中毒
   C. "汽水"浇灌植物有一定的道理，其中二氧化碳的缓释，有利于作物的光合作用
   D. 硅的提纯与应用，促进了半导体元件与集成芯片业的发展，可以说"硅是信息技术革命的催化剂"

4. 石墨炸弹爆炸时，能在方圆几百米范围内撒下大量石墨纤维，造成输电线、电厂设备损失，这是由于石墨（　　）。
   A. 有放射性　　　　　　　B. 易燃、易爆
   C. 能导电　　　　　　　　D. 有剧毒

5. 下列物质中，硫元素只具有还原性的是（　　）。
   A. S　　　　　　　　　　B. SO_2
   C. H_2S　　　　　　　　 D. H_2SO_4

6. 关于氨的下列叙述中，错误的是（　　）。
   A. 氨是一种制冷剂　　　　B. 氨在空气中可以燃烧
   C. 氨极易溶于水　　　　　D. 氨水是弱碱

7. 卤素元素的气态氢化物最稳定的是（　　）。
   A. HF　　　　　　　　　 B. HCl
   C. HBr　　　　　　　　　D. HI

8. F^-、Cl^-、Br^-、I^-四种离子，还原性最强的是（　　）。
   A. F^-　　　　　　　　　B. Cl^-
   C. Br^-　　　　　　　　 D. I^-

9. 盐酸与硝酸银反应，生成的沉淀颜色是（　　）。
   A. 黄色　　　　　　　　　B. 白色

C. 黑色 D. 蓝色

10. 厕所用清洁剂中含有盐酸,如果不慎洒到大理石地面上,会发出嘶嘶的响声,并有气体产生,这样的气体是(　　)。
    A. 二氧化碳 B. 二氧化硫
    C. 氧气 D. 氢气

11. 下列不能使有色布条褪色的物质是(　　)。
    A. 氯水 B. 次氯酸钠溶液
    C. 漂白粉溶液 D. 氯化钙溶液

12. 下列气体中,既可用浓硫酸干燥,又可用固体氢氧化钠干燥的是(　　)。
    A. Cl_2 B. O_2
    C. SO_2 D. NH_3

13. 浓硝酸要避光保存,是因为它具有(　　)。
    A. 强氧化性 B. 强酸性
    C. 不稳定性 D. 挥发性

14. 常温下,能使金属铁、铝发生钝化的是(　　)。
    A. 稀硫酸 B. 浓盐酸
    C. 浓硝酸 D. 稀硝酸

15. 下列物质中,不能与铜发生反应的是(　　)。
    A. 稀盐酸 B. 浓硫酸
    C. 浓硝酸 D. 稀硝酸

16. 下列气体中,有颜色且有刺激性气味的气体是(　　)。
    A. O_2 B. CO_2
    C. SO_2 D. Cl_2

17. 在空气中,约占空气体积78%的气体是(　　)。
    A. O_2 B. CO_2
    C. H_2O D. N_2

18. 下列气体的水溶液有漂白性的是(　　)。
    A. H_2 B. CO_2

C. HCl D. Cl_2

19. 下列气体中,有毒且能在空气中燃烧的是（   ）。
    A. H_2 B. CO_2
    C. N_2 D. H_2S

20. 工业上常用稀硫酸清洗铁表面的锈层,这是利用了稀硫酸的（   ）。
    A. 酸性 B. 强氧化性
    C. 不挥发性 D. 吸水性

21. 下列物质中,能用铝制容器贮存的是（   ）。
    A. 冷的稀硫酸 B. 冷的浓硫酸
    C. 冷的稀盐酸 D. 冷的稀硝酸

22. "84"消毒液在日常生活中使用广泛,该消毒液无色,有漂白作用,它的有效成分是下列物质中的（   ）。
    A. NaOH B. NaClO
    C. $KMnO_4$ D. Na_2O_2

23. 下列气体中,不会造成空气污染的是（   ）。
    A. N_2 B. NO
    C. NO_2 D. SO_2

24. 下列气体中,不能用排空气法收集的是（   ）。
    A. H_2 B. O_2
    C. SO_2 D. NO

25. 下列气体不会造成大气污染的是（   ）。
    A. 工业制硫酸排出的尾气
    B. 工业制硝酸排出的尾气
    C. 汽车排出的尾气
    D. 新能源氢气燃烧产生的气体

26. 酸雨的形成主要是由于（   ）。
    A. 森林被乱砍滥伐,破坏了生态平衡
    B. 汽车排出大量尾气
    C. 大气中CO_2的含量增加

D. 工业上大量燃烧含硫燃料

27. 我国重点城市发布的"空气质量日报",下列物质中不列入首要污染物的是(　　)。
    A. 二氧化硫　　　　　　B. 二氧化氮
    C. 二氧化碳　　　　　　D. 可吸入颗粒物

28. 下列物质中,属于酸性氧化物但不溶于水的是(　　)。
    A. CO_2　　　　　　　B. SiO_2
    C. SO_2　　　　　　　D. Fe_2O_3

29. 下列气体中,对人体无害的是(　　)。
    A. NH_3　　　　　　　B. NO_2
    C. Cl_2　　　　　　　D. N_2

30. 下列物质中,不能用作漂白剂的是(　　)。
    A. SO_2　　　　　　　B. $Ca(ClO)_2$
    C. $NaClO$　　　　　　D. H_2SO_4(浓)

31. 在下列物质的溶液中加入硝酸银溶液,再加入稀硝酸,有白色沉淀生成的是(　　)。
    A. $NaCl$　　　　　　　B. $NaNO_3$
    C. Na_2CO_3　　　　　D. KNO_3

32. 下列物质中,含有Cl^-的物质是(　　)。
    A. 液氯　　　　　　　　B. $NaClO$ 溶液
    C. 盐酸　　　　　　　　D. $KClO_3$ 溶液

33. 下列物质久置于空气中不会变质的是(　　)。
    A. 氨水　　　　　　　　B. 漂白粉
    C. 食盐　　　　　　　　D. 石灰水

34. 下列气体中,既有氧化性又有还原性的是(　　)。
    A. H_2　　　　　　　　B. CO_2
    C. SO_2　　　　　　　D. HCl

三、判断题(正确的打"√",错误的打"×")

1. HClO 具有极强的还原性,能杀死水里的病菌,也能使有色物质

姓名：_____ 学号：_____ 班级：_____ 分数：_____

褪色。（   ）
2. 浓硫酸能使蔗糖炭化，是由浓硫酸的强吸水性引起的。（   ）
3. 检验 Cl^- 常用的试剂是 $AgNO_3$。（   ）
4. 检验硫酸根离子常用的试剂是含 Ba^{2+} 的溶液。（   ）
5. 常温下 Cl_2 是黄绿色的气体，所以 Cl^- 也是黄绿色的。（   ）
6. 单质硫俗称"硫黄"，是"黑火药"的重要组成成分之一。（   ）
7. 通常状况下，氮气既不可燃，不助燃，也很难发生化学反应。（   ）
8. 液态氨可用作制冷剂。（   ）
9. 氨具有碱性，能与酸反应。（   ）
10. 卤素单质均为双原子的非极性分子。（   ）
11. N、O、F 的非金属性逐渐增强。（   ）
12. 卤族元素的非金属性 F＞Cl＞Br＞I。（   ）
13. 非金属性最强的元素是 F。（   ）
14. 稀硫酸和浓硫酸均不能用铁罐储存和运输。（   ）
15. 实验中不小心将浓硫酸溅到皮肤上，应立即用大量水冲洗。（   ）
16. SO_3 也叫硫酸酐。（   ）
17. 养金鱼的自来水通常要经过太阳暴晒，以除去其中少量的 Cl_2。（   ）
18. 氯气具有杀菌漂白能力，是由于它与水作用而生成次氯酸。（   ）
19. I^- 能与氯水反应，生成 I_2，使淀粉溶液变蓝。（   ）
20. 精密仪器和设备等不能放置在含硫化氢较多的环境里。（   ）
21. 金刚石（碳的一种同素异形体）是自然界中最坚硬的材料。（   ）
22. 大部分非金属单质是电的绝缘体，但是石墨具有导电性。（   ）
23. 液态氨汽化时要吸收大量的热。（   ）
24. 液态氨汽化时要放出大量的热。（   ）
25. 氨在空气中不能燃烧，但在纯氧中能燃烧生成 N_2 和 H_2O，同时发出黄色火焰。（   ）
26. 二氧化硫与水反应生成亚硫酸是一个可逆反应。（   ）
27. 无论是浓硝酸还是稀硝酸在常温下都不能与铜发生反应。（   ）
28. 浓硝酸在常温下会与铁、铝发生钝化反应。（   ）

29. 可被浓硫酸脱水的物质一般为含氢、氧元素的有机物，例如蔗糖、木屑、纸屑和棉花等物质。（　　）

30. AgCl 能溶于氨水，生成 $[Ag(NH_3)_2]^+$，称为二氨合银离子。（　　）

31. 二氧化硫的漂白作用是由于它与某些有色物质生成稳定的无色物质。（　　）

32. 用二氧化硫漂白过的物质日久又容易变成黄色。（　　）

33. 二氧化硫是大气主要污染物之一，火山爆发时会喷出该气体。（　　）

34. 二氧化硫——酸雨的成分之一。（　　）

35. 由于化石燃料的不断使用，大气中 CO_2 浓度不断增加，产生温室效应，地球温度不断升高，使两极冰川不断融化，海平面升高，造成气候异常。（　　）

36. 氟是人体内重要的微量元素之一，是牙齿及骨骼不可缺少的成分，少量氟可以促进牙齿珐琅质对细菌酸性腐蚀的抵抗力，防止龋齿。（　　）

37. 碘是人体必需的元素，用以制造甲状腺激素以调控细胞代谢、神经性肌肉组织发展与成长。缺乏碘会导致甲状腺肿大，俗称"大脖子病"。（　　）

38. 全民可通过食用加碘盐（碘酸钾 KIO_3）这一简单、安全、有效和经济的补碘措施，来预防碘缺乏病。（　　）

39. 无机非金属材料的主角是硅，硅主要以熔点很高的氧化物及硅酸盐的形式存在。（　　）

40. 无机非金属材料、有机高分子材料和金属材料并称为三大材料。（　　）

41. 硝酸铵分子中氮元素的化合价是 +5 价。（　　）

42. 在卤离子中只有 Br^-、I^- 能被 Fe^{3+} 氧化。（　　）

43. 卤族元素单质的氧化性顺序为 $I_2>Br_2>Cl_2>F_2$。（　　）

44. 将 Ba^{2+} 加入试液时，生成白色沉淀，沉淀溶于 HCl 不溶于 HAc，由此可推断试液中存在的阴离子是 CO_3^{2-}。（　　）

姓名：_____ 学号：_____ 班级：_____ 分数：_____

四、简答题

1. 84 消毒液为什么不能与洁厕灵同时使用？

2. 浓硫酸放在敞口容器中，质量为什么会增加？

第二节　常见金属单质及其化合物

一、填空题

1. 元素周期表中有大约五分之四是_____元素。
2. 金属最主要的化学性质是容易_____最外层的电子表现出_____。
3. 多数金属单质化学性质活泼，容易转化为_____，所以地球上绝大多数金属元素是以_____存在于自然界中。
4. 碱金属元素的原子最外电子层都只有_____电子，在化学反应中很容易_____而变成_____价的_____离子，因此碱金属是典型的_____。
5. 钠是一种_____的金属，熔点____，密度_____但大于煤油，沸点为 882.9℃。质软，可以用小刀切割。具有良好的_____、_____。
6. 由于钠在空气中_____，容易与_____发生反

姓名：_____ 学号：_____ 班级：_____ 分数：_____

应。因此，实验室里通常将它保存在密度较小的_____中，以隔绝_____。

7. 在常温下，钠能与空气中的氧气化合生成_____。但氧化钠不稳定，加热时能继续与氧反应，生成比较稳定的_____。

8. 钠受热以后也能够在_____，生成_____，燃烧时火焰呈_____。

9. 铝是自然界中分布_____的金属元素。地壳中铝的含量接近_____，仅次于_____。

10. 在常温下，铝能够与空气中的_____反应，生成一层致密而坚固的_____薄膜，这层薄膜能够阻止内部的铝_____，这种现象叫_____，因此铝制品具有一定的_____能力。

11. 把铝放入冷的_____中会被钝化，因此，浓硝酸或浓硫酸可用铝制的容器_____。

12. 铁元素位于元素周期表的_____族，是一种重要的_____元素。一般来说，过渡元素_____，_____，_____，_____。

13. 铁是地壳中最丰富的元素之一，在金属中仅次于铝，居_____。铁分布很广，能稳定地与其他元素结合，常以_____的形式存在。

14. 纯铁化学性质_____，常见的化合价为_____、_____。

15. 天然产的无色氧化铝晶体称为_____，其_____仅次于金刚石，通常所说的蓝宝石和红宝石就是_____的刚玉，它们不但可用作装饰品，而且还可用作精密仪器和手表的轴承。

16. 人工高温烧结的氧化铝称为_____。

17. Al_2O_3 是_____，既能与_____反应也能与_____反应。

18. $Al(OH)_3$ 是_____，能溶于较强的酸或碱溶液。

19. 铁的氧化物都_____，也_____发生反应。FeO 和 Fe_2O_3 属于_____氧化物，都与_____起反应，分别生成亚

姓名：_____ 学号：_____ 班级：_____ 分数：_____

铁盐和铁盐。

20. 铁的氢氧化物有_____、_____两种。$Fe(OH)_2$ 是_____沉淀，在空气中_____，能氧化成_____的 $Fe(OH)_3$ 沉淀。在氧化过程中，颜色由_____，_____。

21. $Fe(OH)_2$ 和 $Fe(OH)_3$ 都是不溶性_____，它们能与____反应，分别生成亚铁盐和铁盐。

22. 很多金属及其化合物在被灼烧时，都会使火焰呈特殊的颜色，这在化学上叫做_____。

23. Fe^{3+} 遇到 KSCN 溶液变成_____，Fe^{2+} 遇到 KSCN 溶液_____。我们可以利用这一反应检验_____的存在。

24. Fe^{3+} 与 NaOH 溶液混合产生_____，Fe^{2+} 则生成_____。利用这一反应也可以检验_____的存在。

25. 碳酸钠 Na_2CO_3 俗名_____，是白色粉末。

26. 碳酸氢钠 $NaHCO_3$ 俗称_____，是细小的白色粉末。在厨房里我们经常能看到它。

27. Na_2CO_3 比 $NaHCO_3$ 更易溶于水，它们的水溶液都因水解而呈_____。

28. Na_2CO_3 和 $NaHCO_3$ 都能与 HCl 溶液反应放出_____。$NaHCO_3$ 与 HCl 溶液的反应比 Na_2CO_3 与 HCl 溶液的反应要_____。

29. Na_2CO_3 很_____，而 $NaHCO_3$_____，受热易_____。利用这个反应可以_____ Na_2CO_3 和 $NaHCO_3$。

30. 漂白粉是 $Ca(ClO)_2$（次氯酸钙）、$CaCl_2$（氯化钙）和 $Ca(OH)_2$（氢氧化钙）的混合物，漂白粉的有效成分是_____。次氯酸钙与稀酸或空气里的二氧化碳和水蒸气反应生成具有强氧化性的_____，起_____作用。

31. 氨跟酸作用生成_____，铵盐都是_____，能溶于_____。

32. 铵盐都能跟碱反应放出有_____气味的气体——_____，这是铵盐的共同性质，实验室就是利用这样的反应来制取氨气，同时也可以利用这个性质来检验_____的存在。

33. 铵盐在农业上可用作_____，在工业上金属的焊接也可以用铵盐来除去_____，氯化铵还可用来制造_____。

二、选择题

1. 少量金属钠应该保存在（   ）。
   A. 水中   B. 煤油中
   C. 空气中   D. 食盐水中

2. 以下说法错误的是（   ）。
   A. 钠在常温下就容易被氧化
   B. 钠受热后能够着火燃烧
   C. 钠在空气中缓慢氧化能自燃
   D. 钠在氧气中燃烧更为激烈

3. 下列性质中，不属于大多数金属通性的是（   ）。
   A. 有银白色光泽
   B. 有良好的导电性和导热性
   C. 有延展性
   D. 有很高的熔点和硬度

4. 出土的古文物中，金器保存完好，铜器表面有锈迹，而铁器锈迹斑斑。这表明金、铜、铁的金属活动性从强到弱的顺序是（   ）。
   A. 金、铜、铁   B. 铁、金、铜
   C. 铁、铜、金   D. 铜、金、铁

5. 联合国世界卫生组织经过严密的科学分析，认为我国的铁锅是最理想的炊具，并向全世界大力推广，其主要原因是（   ）。
   A. 铁锅价格便宜
   B. 铁锅含有有机物必含的碳元素
   C. 铁锅烹饪的食物中留有铁元素
   D. 铸铁锅的铁熔点高

6. 下列物质中属于两性氢氧化物的是（   ）。
   A. $NaOH$ B. $Al(OH)_3$

C. $Mg(OH)_2$ D. $Ba(OH)_2$

7. 小兰家中收藏了一件清末的铝制佛像，该佛像至今保存十分完好。其主要原因是（　　）。

   A. 铝不易发生化学反应

   B. 铝的氧化物容易发生还原反应

   C. 铝不易被氧化

   D. 铝易氧化，但氧化铝具有保护内部铝的作用

8. 铝制品具有较强的抗腐蚀性，主要是因为（　　）。

   A. 铝的化学性质稳定

   B. 铝在常温时与氧气不反应

   C. 铝具有金属性，也具有非金属性

   D. 铝与氧气反应生成一层致密的氧化物薄膜

9. 在下列条件下，铁最容易生锈的是（　　）。

   A. 有氧气存在   B. 有水存在

   C. 在潮湿空气中   D. 表面有油污

10. 下列 4 种铁的化合物溶于稀盐酸后，滴加 KSCN 溶液没有颜色变化，再加氯水呈红色的是（　　）。

    A. Fe_3O_4 B. Fe_2O_3

    C. $FeCl_3$ D. $FeSO_4$

11. 为了防止试剂变质，配制 $FeSO_4$ 的溶液时，在试剂瓶中除加入少量 H_2SO_4 外，还要加入（　　）。

    A. Cu   B. Cl_2

    C. Fe   D. KSCN

12. 不法分子有时用铜锌合金制成假金币行骗。下列方法中，能有效鉴别其真假的是（　　）。

    A. 观察颜色   B. 查看图案

    C. 用手掂量

    D. 滴一滴硝酸在币的表面，观察现象

13. 下列关于金属通性的叙述中，正确的是（　　）。

A. 密度、硬度都很大

B. 都是银白色固体

C. 熔点、沸点都很高

D. 大多数金属具有良好的导电性和导热性

14. 地壳中含量最多的金属元素是（　　）。

A. Mg
B. Al
C. Fe
D. Cu

15. 下列物质中，既能与稀盐酸反应，又能与氢氧化钠溶液反应的是（　　）。

A. $AlCl_3$
B. Al_2O_3
C. Fe
D. $Fe(OH)_3$

16. 下列各物质在空气中放置较长时间后，由于发生氧化反应而变质的是（　　）。

A. $FeCl_3$
B. Fe_2O_3
C. $Fe(OH)_2$
D. $Fe(OH)_3$

17. 往某溶液中加入 KSCN 溶液，溶液立即变成红色，说明此溶液中一定含有（　　）。

A. Na^+
B. Al^{3+}
C. Fe^{2+}
D. Fe^{3+}

18. 现有 KSCN、NaOH、$AgNO_3$、H_2SO_4 四种无色溶液，只要加入下列试剂中的一种，就能把它们区别开来，这种试剂是（　　）。

A. $FeCl_3$
B. $FeCl_2$
C. $FeSO_4$
D. Fe

19. 有 K_2SO_4、NH_4NO_3、KCl、$(NH_4)_2SO_4$ 四种无色溶液，能将它们加以区分的一种试剂是（　　）。

A. $BaCl_2$ 溶液
B. NaOH 溶液
C. $Ba(OH)_2$ 溶液
D. $Ba(NO_3)_2$ 溶液

20. 某物质灼烧时，焰色反应呈黄色，下列判断正确的是（　　）。

A. 该物质一定含钠元素

B. 该物质一定含钠的化合物

C. 该物质一定是金属钠

D. 该物质中一定不含钾元素

21. 常温下，既不与冷的浓硝酸反应，也不与氢氧化钠溶液反应的是（　　）。

    A. 铝　　　　　　　　B. 铁

    C. 铜　　　　　　　　D. 锌

22. 能与 NaOH 溶液反应生成沉淀，此沉淀又能溶于过量 NaOH 溶液的是（　　）。

    A. $MgSO_4$ 溶液　　　　B. KNO_3 溶液

    C. $FeCl_3$ 溶液　　　　D. $AlCl_3$ 溶液

23. 地壳中含量占第一、第二位的金属是（　　）。

    A. Mg 和 Al　　　　　B. Al 和 Fe

    C. Al 和 Cu　　　　　D. Fe 和 Cu

24. 常温下，不溶于浓硝酸的金属是（　　）。

    A. Cu　　　　　　　　B. Al

    C. Zn　　　　　　　　D. Na

25. 下列关于铁的性质描述中，不正确的是（　　）。

    A. 铁是地壳中含量最多的金属元素

    B. 铁位于元素周期表的第ⅧB族

    C. 纯铁化学性质比较活泼，常见的化合价为+2和+3价

    D. 在潮湿空气中，铁在水、氧气和二氧化碳等作用下，易发生腐蚀而生锈

26. 下列氢氧化物中，碱性最强的是（　　）。

    A. $Al(OH)_3$　　　　　B. $Ca(OH)_2$

    C. $Cu(OH)_2$　　　　　D. NaOH

27. 除去 Na_2CO_3 固体中少量 $NaHCO_3$ 的最好方法是（　　）。

    A. 加入适量盐酸

    B. 加入 NaOH 溶液

姓名：_____ 学号：_____ 班级：_____ 分数：_____

    C. 加热灼烧

    D. 制成溶液后通入 CO_2

28. 下列物质的水溶液 pH>7 的是（   ）。

    A. $AlCl_3$ B. $FeSO_4$

    C. NaCl   D. Na_2CO_3

29. 下列物质既能与酸反应，又能与碱反应的是（   ）。

    A. NaOH   B. $Ca(OH)_2$

    C. $Mg(OH)_2$ D. $Al(OH)_3$

30. 与硫酸反应，能产生不溶于稀硝酸的白色沉淀的物质是（   ）。

    A. $AlCl_3$ B. $FeSO_4$

    C. NaCl   D. $BaCl_2$

31. 下列关于氢氧化钠的描述中，错误的是（   ）。

    A. 易溶于水，溶解时放出大量的热

    B. 对皮肤有强烈的腐蚀作用

    C. 水溶液能使 pH 试纸变红

    D. 能去除油污，可作炉具清洁剂

32. 下列关于钠的叙述中，不正确的是（   ）。

    A. 钠燃烧时发出黄色的火焰

    B. 钠燃烧时生成氧化钠

    C. 钠有很强的还原性

    D. 钠原子的最外层只有一个电子

33. 下列关于铝的叙述中，不正确的是（   ）。

    A. 铝是地壳里含量最多的金属元素

    B. 在常温下，铝不能与氧气反应

    C. 铝是一种比较活泼的金属

    D. 在化学反应中，铝容易失去电子，是还原剂

34. 下列金属中，遇到盐酸或强碱溶液都能放出氢气的是（   ）。

    A. Al   B. Mg

    C. Fe   D. Cu

姓名：_____ 学号：_____ 班级：_____ 分数：_____

35. 下列各组物质混合后，不能生成 NaOH 的是（   ）。
    A. Na 和 H_2O
    B. $Ca(OH)_2$ 溶液和 Na_2CO_3 溶液
    C. Na_2O 和 H_2O
    D. $Ca(OH)_2$ 溶液和 NaCl 溶液

36. 在溶液中不能与 Al^{3+} 大量共存的离子是（   ）。
    A. Cl^- B. OH^-
    C. H^+ D. Na^+

37. 为了检验某 $FeCl_3$ 溶液是否变质，可向溶液中加入（   ）。
    A. NaOH 溶液   B. 铁片
    C. KSCN 溶液   D. 酚酞溶液

38. 向下列各物质的水溶液中滴加稀硫酸或 $MgCl_2$ 溶液时，均有白色沉淀生成的是（   ）。
    A. $BaCl_2$ B. $Ba(OH)_2$
    C. Na_2CO_3 D. KOH

39. 在实验室里，要想使 $AlCl_3$ 溶液中的 Al^{3+} 全部沉淀出来，应选用下列试剂中的（   ）。
    A. 石灰水   B. 氢氧化钠溶液
    C. 硫酸   D. 氨水

40. 下列各组中的离子，能在溶液中大量共存的是（   ）。
    A. K^+、H^+、SO_4^{2-}、OH^-
    B. Na^+、Ca^{2+}、CO_3^{2-}、NO_3^-
    C. Cl^-、Na^+、H^+、CO_3^{2-}
    D. Cu^{2+}、Na^+、SO_4^{2-}、Cl^-

41. 要想证明某溶液中是否含有 Fe^{3+}，下列操作中正确的是（   ）。
    A. 加入铁粉   B. 滴加 KSCN 溶液
    C. 通入氯气   D. 加入铜片

三、判断题（正确的打"√"，错误的打"×"）

1. 有些糖果、烟盒中的"包装纸"是用铝制作的，说明这种金属具有

姓名：_____ 学号：_____ 班级：_____ 分数：_____

良好的延展性。 (　　)
2. 世界卫生组织向全世界推广使用铁锅，是因为使用铁锅一定程度上可以预防贫血。 (　　)
3. 实验室的废酸液不能直接倒入下水道。 (　　)
4. 金属钠在纯氧中燃烧产生淡黄的物质。 (　　)
5. $FeSO_4$ 溶液中滴入 NaOH 溶液，并在空气中放置一段时间变成红褐色。 (　　)
6. $FeCl_3$ 溶液中滴入 KSCN 溶液显示红色。 (　　)
7. 无水 $CuSO_4$ 放入医用酒精中显示蓝色。 (　　)
8. 某金属元素原子的最外层只有一个电子，则该金属一定是钠。 (　　)
9. 铝不能与稀硝酸作用，因为铝表面容易被氧化而钝化。 (　　)
10. 常温下，所有的金属都具有晶体结构。 (　　)
11. 金属最主要的共同化学性质，就是都易失去最外层的电子，表现出还原性。 (　　)
12. 灼烧氯化钙时，火焰呈绿色。 (　　)
13. 铁的氧化物都不溶于水，也不与水发生反应。 (　　)
14. 铝是自然界中分布最广的金属元素。 (　　)
15. $Fe(OH)_2$ 呈白色，在空气中性质稳定。 (　　)
16. 钠是很有实用价值的金属，常作为氧化剂。 (　　)
17. 按密度的大小，金属可分为轻金属和重金属。 (　　)
18. 碳酸钠俗称小苏打。 (　　)
19. 碳酸氢钠俗称小苏打。 (　　)
20. 碳酸钠俗称苏打。 (　　)
21. 金属元素和非金属元素之间形成的键不一定都是离子键。 (　　)
22. 卤素包括 F、Cl、Br、I 四种元素。 (　　)
23. 卤素原子最外层都有 7 个电子。 (　　)
24. 通常所说的蓝宝石和红宝石就是混有少量不同氧化物杂质的刚玉。 (　　)

25. 常见金属元素在地壳中的含量：Al>Fe>Ca>Na>K>Mg。（   ）
26. 钠是一种银白色的金属，熔点低，密度大。（   ）
27. 金属钠具有良好的导电、导热性。（   ）
28. 钠可以作为还原剂，用于冶炼金属。（   ）
29. 高压钠灯发出的黄光射程远，透雾能力强，用作路灯时，亮度比高压水银灯高几倍。（   ）
30. 液态钠和钾的合金是原子反应堆的导热剂。（   ）
31. 铝通常以化合状态存在。（   ）
32. 利用焰色反应呈现的特殊颜色，可以鉴定金属或金属离子的存在。（   ）
33. 根据产生焰色效应的原理，可以制成各种颜色的烟花。（   ）
34. 决定金属性强弱的是金属原子失去电子的难易程度。（   ）
35. 加热时铁能与氯气化合生成氯化亚铁。（   ）
36. 将燃烧着的镁条插入纯二氧化碳气体中，镁条仍继续燃烧。（   ）
37. 铜能被浓、稀硝酸氧化，产生的气体都能溶于水。（   ）
38. 氢氧化钠俗称纯碱，碳酸钠俗称烧碱。（   ）

四、简答题

1. 在现代考古中，发现从地下挖出的铜器总是比铁器要保存得更完好，你知道这是为什么吗？

2. 补铁药剂中的铁是几价的？如何鉴别 Fe^{3+} 与 Fe^{2+}？

3. 现有两瓶失去标签的 Na_2CO_3 和 $NaHCO_3$ 固体，你能用什么方法将它们区分开来？

主题五

简单有机化合物及其应用

第一节 有机化合物的特点和分类

一、填空题

1. 除含碳元素外,绝大多数有机化合物分子中含有氢元素,有些还含_____、_____、_____、硫和磷等元素。因此,有机化合物是指_____。有机化合物简称为_____。
2. 有机化合物分子中比较活泼,容易发生化学反应的原子或者原子团称为_____,这些原子或者原子团对有机化合物性质起着_____作用。
3. 有机化合物按碳的骨架分类可分为:_____和_____。

二、选择题

1. 有机物分子中存在的化学键主要是（   ）。
   A. 共价键   B. 离子键
   C. 金属键   D. 共价键和离子键
2. 大多数有机物难溶或不溶于水的主要原因是（   ）。
   A. 有机物的分子量比较大
   B. 有机物分子的共价键结合比较牢固

C. 有机物分子极性小，且与水没有相似的原子团

D. 有机物性质都比较稳定

3. 下列说法正确的是（　　）。

   A. 所有的有机化合物都难溶或不溶于水

   B. 所有的有机化合物都容易燃烧

   C. 所有的有机化学反应速率都十分缓慢

   D. 所有的有机化合物都含有碳元素

4. 下面列举的是某种化合物的组成或性质，能说明物质肯定是有机物的是（　　）。

   A. 仅由碳、氢两种元素组成

   B. 含有碳、氢两种元素

   C. 在氧气中能燃烧，且生成二氧化碳

   D. 熔点低且不溶于水

5. 下列不是多数有机物所共有的性质是（　　）。

   A. 易导电　　　　　　　　B. 易燃

   C. 稳定性差　　　　　　　D. 水中的可溶性差

6. 相邻的两个碳原子之间不会存在（　　）。

   A. 单键　　　　　　　　　B. 双键

   C. 三键　　　　　　　　　D. 四键

7. 有机反应的化学方程式中，反应物和主要生成物之间不能用等号连接，而只能用"$\longrightarrow$"连接的原因是（　　）。

   A. 多数有机化学反应速率较慢

   B. 有机物与无机物不同

   C. 多数有机化学反应复杂，副反应、副产物较多

   D. 多数有机物熔点低、易燃烧

8. 下列结构简式书写错误的是（　　）。

   A. CH_3CH_3　　　　　　　B. $CH_2=CH_2$

   C. $HC=CH$　　　　　　　D. $O=C=O$

9. 下列有机物属于烃的是（　　）。

A. CH_3OH　　　　　　B. C_6H_6
C. CH_3CHO　　　　　D. CH_3OCH_3

10. 下列有机物不属于烃的是（　　）。

    A. CH_4　　　　　　　B. C_6H_6
    C. C_2H_2　　　　　　D. CH_3OH

11. 下列关于碳原子的成键特点及成键方式的理解中正确的是（　　）。

    A. 饱和碳原子不能发生化学反应
    B. 碳原子只能与碳原子形成不饱和键
    C. 具有六个碳原子的苯与环己烷的结构不同
    D. 五个碳原子最多只能形成四个碳碳单键

12. 自然界中化合物的种类最多的是（　　）。

    A. 无机化合物　　　　B. 有机化合物
    C. 铁的化合物　　　　D. 氧的化合物

13. 下列属于系统命名法的是（　　）。

    A. 对二甲苯　　　　　B. 2,2-二甲基丁烷
    C. 新戊烷　　　　　　D. 异戊烷

14. 下列叙述正确的是（　　）。

    A. 分子式相同，各元素的质量分数也相同的物质是同种物质
    B. 通式相同的不同物质一定属于同系物
    C. 分子式相同的不同物质可能是同分异构体
    D. 分子量相同的不同物质一定是同分异构体

15. 下列说法中正确的是（　　）。

    A. 化学性质相似的有机物是同系物
    B. 结构相似，分子组成上相差一个或几个 CH_2 原子团的有机物之间互为同系物
    C. 若烃中碳、氢元素的质量分数相同，它们必定是同系物
    D. 互为同分异构体的两种有机物的物理性质有差别，但化学性质必定相似

16. 人类第一次用无机化合物人工合成的有机物是（　　）。

A. 乙醇 B. 食醋
C. 甲烷 D. 尿素

17. 四氯化碳按官能团分类应该属于（　　）。
    A. 烷烃 B. 烯烃
    C. 卤代烃 D. 羧酸

18. 下列物质中，其主要成分不属于烃的是（　　）。
    A. 汽油 B. 甘油
    C. 煤油 D. 柴油

19. 下列化学式能表示一种纯净物的是（　　）。
    A. CH_2Br_2 B. C_5H_8
    C. C_4H_{10} D. C

20. 下列各物质按碳的骨架进行分类，其中与其他三种属于不同类别的是（　　）。
    A. 苯 B. 苯乙烯
    C. 甲苯 D. $CH_3CH_2CH(CH_3)_2$

21. 第一位人工合成有机物的化学家是（　　）。
    A. 门捷列夫 B. 维勒
    C. 拉瓦锡 D. 牛顿

22. 下列物质属于有机物的是（　　）。
    A. 氰化钾（KCN） B. 氰酸铵（NH_4CNO）
    C. 尿素（NH_2CONH_2） D. 碳化硅（SiC）

23. 下列关于有机物的命名中正确的是（　　）。
    A. 2,2-二甲基戊烷 B. 2-乙基丙烷
    C. 3,4-二甲基戊烷 D. 1-甲基己烷

24. 互称为同分异构体的物质（　　）。
    A. 具有相同的官能团
    B. 具有相同的结构
    C. 具有相同的分子式
    D. 具有相同的空间结构

姓名：_____ 学号：_____ 班级：_____ 分数：_____

25. 有机化学主要研究有机化合物及其所发生的反应，下列化合物中不是有机物的是（　　）。

    A. CO_2　　　　　　　　B. C_2H_6

    C. HCHO　　　　　　　　D. CH_3OH

26. 下列说法中，正确的是（　　）。

    A. 有机物中都含有碳元素

    B. 有机物都易燃烧

    C. 有机物的水溶液都难导电

    D. 有机物都是从有机体中分离出来的物质

27. 下列说法正确的是（　　）。

    A. 有机物种类繁多的主要原因是有机物分子结构十分复杂

    B. 烃类分子中的碳原子与氢原子是通过非极性键结合的

    C. 同分异构现象的广泛存在是造成有机物种类繁多的唯一原因

    D. 烷烃的结构特点是碳原子通过单键连接成链状，剩余价键均与氢原子结合

28. 下列关于官能团的叙述不正确的是（　　）。

    A. 官能团就是原子团

    B. 官能团可以是原子，也可以是原子团

    C. 官能团决定有机物的特殊性质

    D. 若某化合物含有多种官能团，那么该化合物就有多种特殊性质

29. 下列关于官能团的判断中说法错误的是（　　）。

    A. 醇的官能团是羟基（—OH）

    B. 羧酸的官能团是羧基（—COOH）

    C. 醛的官能团是醛基（—CHO）

    D. 烯烃的官能团是酯基（—COO—）

30. 人们把碳的氧化物、碳酸盐看作无机物的原因是（　　）。

    A. 都是碳的简单化合物

    B. 不是从生命体中取得

    C. 不是共价化合物

D. 不具备有机物典型的性质和特点

三、判断题（正确的打"√"，错误的打"×"）

1. 碳酸含碳、氢、氧元素，所以碳酸是有机物。　　　　　（　　）
2. 有机化合物可以通过人工合成的方法得到。　　　　　　（　　）
3. 有机化合物通常有同分异构现象。　　　　　　　　　　（　　）
4. 绝大多数有机物是电解质，容易导电。　　　　　　　　（　　）
5. 合成橡胶是有机物。　　　　　　　　　　　　　　　　（　　）

四、简答题

1. 一般来说，有机物具有哪些主要特点？

2. 有机物是什么物质？

3. 列举五种常见有机物的类别和官能团。

姓名：_____ 学号：_____ 班级：_____ 分数：_____

第二节 烃

一、填空题

1. 有机化合物中，有一大类物质仅由_____和_____两种元素组成，这类物质总称为烃，也叫_____。_____是烃类分子中组成最简单的物质。

2. 甲烷是没有颜色、没有气味的气体，比空气_____，极难溶于水，易溶于醇、乙醚，很容易燃烧。甲烷由碳和氢两种元素组成，分子式是_____。

3. 甲烷分子具有_____结构，碳原子位于_____的中心，4个氢原子分别位于正四面体的4个顶点。

4. 甲烷是一种很好的气体燃料，燃烧方程式为_____。

5. 化合物具有相同的分子式，但具有不同结构的现象，称为_____。

6. 烃分子失去一个或几个氢原子后所剩余的部分称为_____。烷烃失去一个氢原子后所剩余的原子团称为_____。—CH_2CH_3叫_____。

7. 随着分子中碳原子数的递增，各种烷烃的物理性质呈_____变化。在常温下，随着碳原子数的增加，烷烃的状态由气态、液态到固态；烷烃的熔点、沸点基本上_____；烷烃密度_____，并且小于1。

8. 乙烯的分子式是_____，从乙烯的结构式可以看出，乙烯分子里含有双键，乙烯是分子组成_____烯烃。

9. 有机物分子中断裂不饱和碳原子间的一个（或两个）化学键，与其他原子或原子团结合生成新物质的反应称为_____。

10. 烯烃的化学性质也跟乙烯类似，如易于发生_____、

姓名：_____ 学号：_____ 班级：_____ 分数：_____

_____等。

11. 乙炔俗名_____，纯的乙炔是无色、无臭味的气体。乙炔的密度比空气稍小，微溶于水，易溶于_____。乙炔分子里的两个碳原子和两个氢原子处在_____。

12. 链烃分子里含有碳碳三键的不饱和烃称为_____。

13. 苯是没有颜色带有特殊气味的_____，密度比水小，_____溶于水。

14. 苯的同系物的性质跟苯有许多相似之处，如燃烧时都产生_____火焰，都能发生苯环上的_____。

15. 分子中含有一个或多个苯环的烃叫做_____。

二、选择题

1. 下列物质不属于有机物的是（　　）。
   A. CH_4　　　　　　　　B. CH_3CHO
   C. Na_2CO_3　　　　　　D. C_6H_6

2. 甲烷在光照的条件下与氯气混合，最多可以生成几种取代产物？（　　）。
   A. 1种　　　　　　　　　B. 2种
   C. 3种　　　　　　　　　D. 4种

3. 二氟甲烷是性能优异的环保产品，它可替代某些会破坏臭氧层的"氟利昂"产品，用作空调、冰箱和冷冻库的制冷剂。二氟甲烷的结构简式（　　）。
   A. 有4种　　　　　　　　B. 有3种
   C. 有2种　　　　　　　　D. 只有1种

4. 通常用于衡量一个国家石油化工发展水平的标志是（　　）。
   A. 石油的产量　　　　　　B. 乙烯的产量
   C. 天然气的产量　　　　　D. 汽油的产量

5. 下列各组物质属于同系物的是（　　）。
   A. C_3H_4 和 C_3H_6　　　　B. C_2H_6 和 C_5H_{12}
   C. C_3H_8 和 C_5H_{10}　　　D. CH_3Cl 和 $C_2H_4Cl_2$

6. 芳香烃是指（　　）。

   A. 分子组成符合 C_nH_{2n-6}（$n \geqslant 6$）的化合物

   B. 分子中含有苯环的化合物

   C. 有芳香气味的烃

   D. 分子中含有一个或多个苯环的烃

7. 在相同条件下，对环境污染程度最小的燃料是（　　）。

   A. 液化气　　　　　　　　B. 煤油

   C. 煤饼　　　　　　　　　D. 木柴

8. 有关煤的叙述正确的是（　　）。

   A. 煤和石墨的成分相同

   B. 煤是复杂的有机化合物的混合物

   C. 煤是由植物转变而成的

   D. 煤燃烧的产物只有二氧化碳和水

9. 下列各组物质相互间一定互为同系物的是（　　）。

   A. 淀粉和纤维素

   B. 蔗糖和麦芽糖

   C. C_4H_{10} 和 $C_{10}H_{22}$

   D. C_3H_6 和 C_4H_8

10. 下列有关说法正确的是（　　）。

    A. 分子组成符合 C_nH_{2n} 的烃，一定是乙烯的同系物

    B. C_4H_6、C_4H_{10}、C_6H_{14} 在常温下均为气体

    C. 脂肪烃不溶于水，但芳香烃可溶于水

    D. 烃的密度比水的密度小

11. 下列物质中不属于烃的是（　　）。

    A. CH_4　　　　　　　　B. C_6H_6

    C. C_2H_5OH　　　　　　D. 正丁烷

12. 下列烷烃的沸点是：甲烷 $-162\,℃$，乙烷 $-89\,℃$，丁烷 $-1\,℃$，戊烷 $36\,℃$。根据以上数字推断丙烷的沸点可能是（　　）。

    A. 约 $-40\,℃$　　　　　　B. 低于 $-89\,℃$

C. 低于 $-162℃$　　　　D. 高于 $36℃$

13. 下列物质中,可能属于同系物的是( )。
    A. C_2H_4、C_3H_8　　　　B. C_2H_6、C_3H_8
    C. CH_4、H_2　　　　D. C_2H_2、CH_4

14. 乙烯发生的下列反应中,不属于加成反应的是( )。
    A. 与氢气反应生成乙烷
    B. 与水反应生成乙醇
    C. 与溴水反应使之褪色
    D. 与氧气反应生成二氧化碳和水

15. 1mol 的某烃完全燃烧,需 9.5mol 的氧气,则这种烃的分子式为( )。
    A. C_3H_8　　　　B. C_4H_{10}
    C. C_3H_{12}　　　　D. C_6H_{14}

16. 某烃完全燃烧后,产物通入下列物质时完全被吸收的是( )。
    A. 浓硫酸　　　　B. 溴水
    C. 苏打水　　　　D. 食盐水

17. 下列物质的沸点按由高到低的顺序排列正确的是( )。
    ①$CH_3(CH_2)_2CH_3$　　②$CH_3(CH_2)_3CH_3$
    ③$(CH_3)_3CH$　　④$(CH_3)_2CHCH_2CH_3$
    A. ②④①③　　　　B. ④②①③
    C. ④③②①　　　　D. ②④③①

18. 下列一定属于不饱和烃的是( )。
    A. C_2H_4　　　　B. C_4H_8
    C. C_3H_8　　　　D. C_5H_{12}

19. 关于乙烯分子结构的说法中,错误的是( )。
    A. 乙烯分子里含有 C=C 双键
    B. 乙烯分子里所有原子共平面
    C. 乙烯分子中 C=C 双键键长和己烷分子中 C—C 单键的键长相等
    D. 乙烯分子里各共价键之间夹角为 $120°$

20. 下列反应中，能说明烯烃结构的不饱和性质的是（　　）。
    A. 燃烧　　　　　　　　B. 取代反应
    C. 加成反应　　　　　　D. 消去反应

21. 不能使酸性 $KMnO_4$ 溶液褪色的是（　　）。
    A. 乙烯　　　　　　　　B. 聚乙烯
    C. 丙烯　　　　　　　　D. 乙炔

22. 既可以鉴别乙烷和乙炔，又可以除去乙烷中含有的乙炔的方法是（　　）。
    A. 与足量的溴的四氯化碳溶液反应
    B. 与足量的液溴反应
    C. 点燃
    D. 在一定条件下与氢气加成

23. 相同碳原子数的烷烃、烯烃、炔烃，在空气中完全燃烧生成二氧化碳和水，需要空气量的比较中正确的是（　　）。
    A. 烷烃最多　　　　　　B. 烯烃最多
    C. 炔烃最多　　　　　　D. 三者一样多

24. 关于炔烃的下列描述正确的是（　　）。
    A. 分子里含有碳碳三键的不饱和链烃叫炔烃
    B. 炔烃分子里的所有碳原子都在同一直线上
    C. 炔烃易发生加成反应，也易发生取代反应
    D. 炔烃不能使溴水褪色，但可以使酸性高锰酸钾溶液褪色

25. 与丙烯具有相同的碳、氢百分含量，但不是同系物也不是同分异构体的是（　　）。
    A. 环丙烷　　　　　　　B. 环丁烷
    C. 丙烷　　　　　　　　D. 乙炔

26. 下列物质中，分子式符合 C_6H_{14} 的是（　　）。
    A. 2-甲基丁烷　　　　　B. 2,3-二甲基戊烷
    C. 2-甲基己烷　　　　　D. 2,3-二甲基丁烷

27. 下列各烃中，室温时呈液态的是（　　）。

A. $CH_3CH_2CH_3$ B. $CH_3(CH_2)_8CH_3$
C. $CH_3(CH_2)_2CH_3$ D. $CH_3(CH_2)_{16}CH_3$

28. 化学式为 C_7H_{16} 的烷烃中，其结构式含有 3 个甲基的同分异构体的数目是（ ）。

    A. 1   B. 2
    C. 3   D. 4

29. 甲烷与丙烷混合气的密度与同温同压下乙烷的密度相同，混合气中甲烷与丙烷的体积比是（ ）。

    A. 2∶1   B. 3∶4
    C. 1∶3   D. 1∶1

30. 煤矿的矿井里为了防止"瓦斯"（甲烷）爆炸事故，应采取的安全措施是（ ）。

    A. 进矿井前先用明火检查是否有甲烷
    B. 通风并严禁烟火
    C. 戴防毒面具
    D. 用大量水吸收甲烷

三、判断题（正确的打"√"，错误的打"×"）

1. 甲烷的化学性质很活泼，与强酸、强碱或强氧化剂很容易发生反应。（ ）

2. 结构相似，在分子组成上相差一个或若干个 CH_2 原子团的物质互称为同系物。（ ）

3. 乙烯通入盛有溴水的试管中，溴水的红棕色会褪色。（ ）

4. 烯烃的通式是 C_nH_{2n}。（ ）

5. 乙炔分子中含碳量较大，所以，燃烧时发出明亮而带浓烟的火焰。（ ）

6. 乙烷在光照条件下可以跟氯气发生取代反应。（ ）

7. 芳香族化合物是指有芳香气味的物质。（ ）

8. 具有相同的分子式的化合物是同分异构体。（ ）

9. 分子中含碳和氢的化合物一定是烃。（ ）

姓名：_____ 学号：_____ 班级：_____ 分数：_____

10. 分子量相同的物质是同物质。（　　）
11. 含双键的物质是烯烃。（　　）
12. 能使溴水褪色的是炔烃。（　　）
13. 沼气和空气混合点燃，不会发生爆炸。（　　）
14. 乙烯、乙炔都可以使酸性高锰酸钾溶液褪色。（　　）
15. 苯的官能团是 C=C。（　　）
16. CH_3CHCl_2 不可能是乙烯加成的产物。（　　）
17. 乙烯分子中碳碳双键的能量是乙烷分子中碳碳单键的两倍。（　　）
18. 在一定条件下，硝酸可与苯发生反应。（　　）
19. 水和辛烷能用分液漏斗分离。（　　）
20. 浓溴水加入苯中，溴水的颜色变浅是发生了加成反应。（　　）

四、简答题

1. 乙烯通入盛有溴水的试管中，可以观察到溴水的红棕色很快消失。这个现象是发生了什么化学反应？写出反应方程式。

2. 写出苯的硝化反应方程式。

第三节　烃的衍生物

一、填空题

1. 烃分子中的氢原子被其他原子或者原子团所取代而生成的化合物称为_____。烃分子中的氢原子被卤素原子取代后的化合物称为_____。
2. 溴乙烷是有机合成的重要原料，也可用作_____、_____。
3. 乙醇分子是由_____和_____组成的，_____是乙醇的官能

姓名：_____ 学号：_____ 班级：_____ 分数：_____

团，它决定着乙醇的主要性质。

4. 苯酚有毒，它的浓溶液对皮肤有_____，使用时要小心，如果不慎沾到皮肤上，应立即用_____洗涤。

5. 分子里由_____相连而构成的化合物叫做醛。醛类的通式是_____。

6. 乙酸的分子式是_____，它的结构式是：_____，结构简式为_____。乙酸分子的官能团叫做_____。

二、选择题

1. 用硫酸酸化的 CrO_3 遇酒精后，其颜色会从红色变为蓝绿色，用这个现象可以测得汽车司机是否酒后驾车。反应的化学方程式如下：
$$2CrO_3+3C_2H_5OH+3H_2SO_4 \longrightarrow Cr_2(SO_4)_3+3CH_3CHO+6H_2O$$
此反应的氧化剂是（　　）。
   A. H_2SO_4　　　　　　　　B. CrO_3
   C. $Cr_2(SO_4)_3$　　　　　　D. C_2H_5OH

2. 下列说法正确的是（　　）。
   A. 羟基跟链烃基直接相连的化合物属于醇类
   B. 含有羟基的化合物属于醇类
   C. 酚类和醇类具有相同的官能团，因而具有相同的化学性质
   D. 分子内含有苯环和羟基的化合物都属于酚类

3. 皮肤上若沾有少量的苯酚，正确的处理方法是（　　）。
   A. 用 70℃热水洗　　　　B. 用酒精洗
   C. 用稀 NaOH 溶液洗　　D. 不必冲洗

4. 糖尿病患者的尿样中含有葡萄糖，在与新制的氢氧化铜悬浊液共热时，能产生砖红色沉淀，说明葡萄糖分子中含有（　　）。
   A. 羰基　　　　　　　　B. 醛基
   C. 羟基　　　　　　　　D. 羧基

5. 下列两种物质的混合物能用分液漏斗分离的是（　　）。
   A. 酒精和水　　　　　　B. 水和乙酸乙酯

姓名：_____　　学号：_____　　班级：_____　　分数：_____

C. 乙醛和乙酸　　　　　D. 汽油和煤油

6. 下列物质中，能与金属钠反应放出氢气，还能与碳酸氢钠溶液反应放出二氧化碳的是（　　）。
   A. 乙醇　　　　　　　B. 苯酚
   C. 乙醛　　　　　　　D. 乙酸

7. 下列各组化合物中，只用溴水可鉴别的是（　　）。
   A. 丙烯、丙烷、环丙烷
   B. 乙烷、苯、苯酚
   C. 乙烷、乙烯、乙炔
   D. 乙烯、苯、苯酚

8. 下列反应不属于氧化反应的是（　　）。
   A. 乙烯通入酸性高锰酸钾溶液中
   B. 烯烃催化加氢
   C. 天然气燃烧
   D. 醇在一定条件下反应生成醛

9. 乙醇的下列性质中，属于化学性质的是（　　）。
   A. 易挥发　　　　　　B. 与水互溶
   C. 有香味　　　　　　D. 易燃烧

10. 医用碘酒中的溶剂是（　　）。
    A. 碘　　　　　　　　B. 乙醇
    C. 水　　　　　　　　D. 苯

11. 下列各组物质中，前者是纯净物后者是混合物的是（　　）。
    A. 天然气、甲烷
    B. 乙醇、医用酒精
    C. 甲烷、乙烯
    D. 石油、煤

12. 下列各组物质中，只用水就能鉴别的一组是（　　）。
    A. 苯、乙醇
    B. 乙烷、乙烯

C. 氯化钠、氯化钾

D. 硝酸银、氯化钡

13. 下列有关乙醇的叙述中，能说明乙醇（酒精）是优质燃料的有（　　）。

①燃烧时发生氧化反应

②燃烧的产物不污染环境

③是一种可再生能源

④燃烧时放出大量热

A. ①②③ B. ①②④

C. ①③④ D. ②③④

14. 向装有乙醇的烧杯中投入一小块金属钠，下列对该实验现象的描述中，正确的是（　　）。

A. 钠块沉在乙醇液面下

B. 钠块熔化成小球

C. 钠块在乙醇的液面上游动

D. 钠块着火

15. 在下列物质中，分别加入金属钠，不能产生氢气的是（　　）。

A. 蒸馏水 B. 无水酒精

C. 苯 D. 75%的酒精

16. 下列各组物质中，全部属于纯净物的是（　　）。

A. 福尔马林、白酒、醋

B. 丙三醇、氯仿、乙醇钠

C. 苯、汽油、无水酒精

D. 甘油、冰醋酸、煤

17. 丙烯酸（$CH_2=CH-COOH$）在下列条件下可能发生的反应有（　　）。

①加成 ②水解 ③消去 ④酯化 ⑤银镜 ⑥中和

A. ①④⑥ B. ③⑤⑥

C. 只有②④ D. 只有④⑥

18. 乙醇在浓硫酸和170℃下的脱水反应，可能生成的产物是（　　）。
    A. 乙烷　　　　　　　　B. 乙烯
    C. 乙炔　　　　　　　　D. 乙醚

19. 下列物质中，在不同条件下可以发生氧化、消去、酯化反应的为（　　）。
    A. 乙醇　　　　　　　　B. 乙醛
    C. 乙酸　　　　　　　　D. 乙酸乙酯

20. 在酿酒的过程中，如果生产条件控制得不好，最后会闻到酸味，它可能是转化为（　　）而产生的味道。
    A. 乙醇　　　　　　　　B. 乙醛
    C. 乙酸　　　　　　　　D. 乙酸乙酯

21. 某有机物的结构为 $HO-CH_2-CH=CH-CH_2-COOH$，该有机物不可能发生的化学反应是（　　）。
    A. 水解　　　　　　　　B. 酯化
    C. 加成　　　　　　　　D. 氧化

22. 下列有关酯类的叙述中，不正确的是（　　）。
    A. 酸与醇在强酸的存在下加热，可得到酯
    B. 乙酸和甲醇可发生酯化反应生成甲酸乙酯
    C. 酯化反应的逆反应称水解反应
    D. 果类和花草中存在着有芳香气味的低级酯

23. 下列说法中正确的是（　　）。
    A. 冰醋酸是冰和醋酸的混合物
    B. 炒菜时，又加料酒又加醋，可使菜变得香美可口，因为有酯类物质生成
    C. 甲醛的水溶液叫"福尔马林"，有防腐作用
    D. 工业酒精兑水稀释后和白酒是一样的

24. 下列各组混合物中，可以用分液漏斗分离的是（　　）。
    A. 乙醛和乙醇　　　　　B. 苯和水
    C. 酒精和水　　　　　　D. 乙醛和水

姓名：_____　学号：_____　班级：_____　分数：_____

25. 下列试剂中，可用来清洗做过银镜反应实验的试管的是（　　）。
    A. 硝酸　　　　　　　　B. 盐酸
    C. 烧碱溶液　　　　　　D. 蒸馏水

26. 下列试剂中，能用于检验酒精中是否含水的是（　　）。
    A. $CuSO_4 \cdot 5H_2O$　　　B. 无水硫酸铜
    C. 浓硫酸　　　　　　　D. 金属钠

27. 下列物质中，不能用 C_4H_9OH 表示的是（　　）。
    A. $CH_3CH_2CH_2CH_2OH$
    B. $CH_3CH_2CH(CH_3)OH$
    C. $(CH_3)_3COH$
    D. $CH_2\!=\!CHCH_2CH_2OH$

28. 下列关于乙醛物理性质的说法中，不正确的是（　　）。
    A. 无色　　　　　　　　B. 有刺激性气味
    C. 常温下为气体　　　　D. 与水混溶

29. 下列有机物中，可以发生银镜反应的是（　　）。
    A. 乙烯　　　　　　　　B. 乙醇
    C. 乙酸　　　　　　　　D. 乙醛

30. 国家禁止用工业酒精制饮料酒，这是因为工业酒精中含有少量可使人中毒的（　　）。
    A. 甲醇　　　　　　　　B. 乙酸
    C. 乙酸乙酯　　　　　　D. 甘油

31. 下列能与钠反应放出氢气的是（　　）。
    ①无水乙醇 ②乙酸 ③水 ④苯
    A. ①②　　　　　　　　B. ①②③
    C. ③④　　　　　　　　D. ②③④

32. 下列属于加成反应的是（　　）。
    A. 苯中加入溴水后振荡
    B. 乙烯使 $KMnO_4$ 溶液褪色
    C. 银镜反应

主题五　简单有机化合物及其应用

姓名：_____ 学号：_____ 班级：_____ 分数：_____

D. 乙醛还原成醇

33. 调查发现，某些装修不久的居室中由装潢材料缓缓释放出来的污染物浓度过高，影响人体健康。这些污染物中最常见的是（　　）。
    A. CO   B. SO_2
    C. 甲醛、甲苯等有机物蒸气   D. 臭氧

34. 下列物质中，属于有机物的是（　　）。
    A. 一氧化碳   B. 碳酸钙
    C. 二氧化碳   D. 醋酸

35. 下列关于乙酸物理性质的说法中，不正确的是（　　）。
    A. 无色   B. 有刺激性气味
    C. 常温下为气体   D. 与水混溶

36. 下列有机物中，可用于杀菌消毒的是（　　）。
    A. CH_4 B. C_2H_2
    C. C_6H_6 D. CH_3CH_2OH

37. 下列有机物中，可使石蕊试液变红的是（　　）。
    A. CH_3CH_2OH B. CH_3CHO
    C. CH_3COOH D. $CH_3COOCH_2CH_3$

38. 下列有机物中，分子量最小的是（　　）。
    A. CH_3OH B. CH_3CH_3
    C. CH_3COOH D. CH_3CH_2OH

39. 下列有机物中，可用作燃料的有（　　）。
    A. 乙醇   B. 乙醛
    C. 乙酸   D. 甲醛

40. 下列有机物中，含有羧基官能团的是（　　）。
    A. CH_3CH_2OH B. CH_3CHO
    C. CH_3COOH D. $CH_3COOCH_2CH_3$

三、判断题（正确的打"√"，错误的打"×"）

1. 苯酚含有羟基，可与乙酸发生酯化反应生成乙酸苯酯。（　　）

2. 凡是能发生银镜反应的物质都是醛。（   ）
3. 凡是烃基和羟基相连的化合物都是醇。（   ）
4. 甲醛由甲醇做原料的生产过程中，是由甲醇还原而制得的。（   ）
5. 酚和芳香醇在结构上的区别在于羟基是否连在苯环上。（   ）
6. 实验室由乙醇制备乙烯的反应属于水解反应。（   ）
7. 用托伦试剂可以鉴别甲醛与丙酮。（   ）
8. 氯仿、酒精、乙醚是常用的有机溶剂。（   ）
9. 乙醇和乙二醇是同系物。（   ）
10. 用氯化铁溶液可以鉴别苯酚和苯。（   ）
11. 苯酚与苯互为同系物。（   ）
12. 苯酚可用于环境消毒，医用酒精可用于皮肤消毒，其原因是它们都可以杀死细菌。（   ）
13. 被蜂、蚊蜇咬后会感到疼痒难忍，这是因为蜂、蚊叮咬人时将甲酸注入人体的缘故，若能涂抹稀氨水或碳酸氢钠溶液，可减轻疼痛。（   ）
14. "酸可以除锈""洗涤剂可以去油污"都是发生了化学变化。（   ）
15. 乙醇可以氧化为乙醛或乙酸，三者都能发生酯化反应。（   ）
16. 乙酸不能与水互溶。（   ）

四、简答题

1. 写出溴乙烷在氢氧化钠溶液中发生消去反应的方程式。

2. 写出乙醛与银氨溶液发生银镜反应的方程式。

3. 在有浓硫酸存在并加热的条件下，乙酸能够跟乙醇发生反应，生成乙酸乙酯。写出反应方程式。

第四节　学生实验　重要有机化合物的性质

一、填空题

1. 甲烷与氯气在光照条件下的反应属于_____反应。
2. 苯酚露置在空气中会发生氧化还原反应而呈_____色。
3. 实验室制取乙烯的实验中，可采用_____法收集产物乙烯。
4. 碳氧双键能够发生加成反应。乙醛蒸气跟氢气的混合物，通过热的镍催化剂时，就发生加成反应，反应方程式为：_____。
5. 苯酚和氢氧化钠溶液反应，会生成易溶于水的_____。
6. 温度低于 16.6℃ 时，乙酸就凝结成像冰一样的晶体，所以又称_____。

二、选择题

1. 下列物质酸性由强到弱的顺序为（　　）。
    ①苯酚　②水　③乙醇　④碳酸
    A. ①②③④　　　　　　　B. ④①②③
    C. ②③④①　　　　　　　D. ①②④③
2. 下列化合物中，能够用 $FeCl_3$ 鉴别的是（　　）。
    A. 苯甲醚　　　　　　　　B. 苄醇
    C. 甘油　　　　　　　　　D. 石炭酸
3. 下列化合物中，不能与金属钠反应的是（　　）。
    A. 甲烷　　　　　　　　　B. 乙二醇
    C. 苯酚　　　　　　　　　D. 异丙醇
4. 假酒中可使人中毒致命的成分是（　　）。
    A. 乙醇　　　　　　　　　B. 苯甲醇

C. 甲醇　　　　　　　　D. 正丁醇

5. 下列各组物质中互为同分异构体的是（　　）。

　　A. 苯酚和苯甲醇

　　B. 乙醇和乙二醇

　　C. 丁醇和乙醚

　　D. 2-甲基丁醇和 2-甲基丙醇

6. 在空气中易被氧化的是（　　）。

　　A. 丁烷　　　　　　　　B. 正丁醇

　　C. 苯酚　　　　　　　　D. 乙醚

7. 关于乙酸与乙醇的酯化反应的叙述正确的是（　　）。

　　A. 用浓硫酸做催化剂并在加热的条件下进行反应

　　B. 乙醇分子中的羟基与乙酸分子羧基上的氢原子结合成水分子

　　C. 该反应生成易溶于水的物质

　　D. 该反应不可逆

8. 下列化合物中沸点最高的是（　　）。

　　A. 乙醇　　　　　　　　B. 正丁醇

　　C. 乙醚　　　　　　　　D. 乙烷

9. 组成糖类化合物的元素是（　　）。

　　A. C 和 H_2O　　　　　　B. C 和 H

　　C. C、H 和 O　　　　　　D. C、H、O 和 N

10. 下列化合物能被费林试剂氧化的是（　　）。

　　A. 乙醛　　　　　　　　B. 苯甲醛

　　C. 丙酮　　　　　　　　D. 戊二酮

11. 福尔马林溶液指（　　）的水溶液。

　　A. 甲醛　　　　　　　　B. 乙醛

　　C. 苯甲醛　　　　　　　D. 丙酮

12. 下列化合物能与费林试剂反应生成砖红的沉淀的是（　　）。

　　A. C_6H_5CHO　　　　　　B. CH_3CH_2CHO

　　C. CH_3COCH_3　　　　　　D. CH_3CH_2OH

姓名：_____ 学号：_____ 班级：_____ 分数：_____

13. CH_3CH_2CHO 与 CH_3COCH_3 的关系为（   ）。
    A. 同系物   B. 同系列
    C. 同位素   D. 同分异构体

14. 醛与硝酸银的氨溶液的反应属于（   ）。
    A. 加成反应   B. 取代反应
    C. 卤代反应   D. 氧化反应

15. 甲酸甲酯的结构简式是（   ）。
    A. CH_3COOCH_3 B. $HCOOCH_3$
    C. $CH_3COOCH_2CH_3$ D. $HCOOCH_2CH_3$

16. 关于乙醛的下列反应中，乙醛被还原的是（   ）。
    A. 乙醛的银镜反应   B. 乙醛制乙醇
    C. 乙醛与新制氢氧化铜的反应
    D. 乙醛的燃烧反应

17. 下列分子量相近的化合物中，沸点最高的是（   ）。
    A. 正丙醇   B. 乙酸乙酯
    C. 乙酸   D. 丙醛

18. 使油脂水解反应进行到底需加入的物质是（   ）。
    A. 氢氧化钠   B. 盐酸
    C. 乙醇   D. 碘化氢

19. 下列化合物中既能溶于氢氧化钠溶液又能溶于碳酸氢钠溶液的是（   ）。
    A. 苯甲醇   B. 苯乙醚
    C. 苯酚   D. 苯甲酸

20. 能与费林试剂发生反应的化合物是（   ）。
    A. 苯   B. 丙醛
    C. 甘油   D. 甲醇

三、判断题（正确的打"√"，错误的打"×"）

1. 实验室制取甲烷的正确方法是无水醋酸钠与碱石灰混合物加热至

高温。   (   )
2. 若正己烷中有杂质 1-己烯，用洗涤方法能除去该杂质的试剂是浓
   硫酸。   (   )
3. 淀粉在人体内能水解成葡萄糖。   (   )
4. 丙醇与金属钠反应比水与金属钠反应剧烈。   (   )
5. 钠可用于检验酒精中是否含有水。   (   )
6. 在铜催化并加热条件下，乙醇可被氧化为乙醛。   (   )
7. 甲烷能使酸性 $KMnO_4$ 溶液褪色。   (   )
8. 酚类和醇类具有相同的官能团，因而具有相同的化学性质。   (   )
9. 易溶于汽油、酒精、苯等有机溶剂中的物质一定是有机物。   (   )
10. 有机物参与的反应速率一定比无机物参与的反应慢，且常伴有副
    反应。   (   )
11. 溴苯不属于卤代烃。   (   )
12. 氟氯烃对大气臭氧层具有破坏作用。   (   )
13. 油脂在碱性条件下的水解反应是皂化反应。   (   )
14. 乙烯通入酸性高锰酸钾溶液中发生氧化反应。   (   )
15. 添加了食品添加剂的食品不可食用。   (   )

四、简答题

1. 在盛有少量苯酚溶液的试管中，滴入过量的稀溴水，请写出试管中
   所发生化学反应的方程式。

2. 写出乙酸与碳酸氢钠溶液反应的方程式。

3. 乙醛能把费林试剂中的两价铜离子还原成红色的氧化亚铜沉淀，写
   出该化学反应的方程式。

主题六

常见生物分子及合成高分子化合物

第一节 糖类

一、填空题

1. 糖类又叫碳水化合物，主要由_____、_____、_____三种元素组成，大多数糖类符合通式_____。

2. 根据能否水解及水解产物的不同，糖类可以分为_____、_____和_____。

3. 不能水解成更简单的糖的是_____，1mol 糖能水解成 2mol 的单糖的是_____，1mol 糖能水解成 n mol 的单糖（$n>10$）的是_____。

4. 单糖是糖类物质最基本的单位，按照羰基在分子中的位置可分为_____或_____，根据其所含碳原子的数目可分为丙糖、丁糖、戊糖和己糖等。

5. 低聚糖是由_____单糖分子通过_____连接形成的低聚合度糖类，可由单糖聚合或多糖水解得到，水解后生成单糖。

6. 多糖通常指由_____单糖分子通过_____连接形成的长链聚合物，水解后可生成多个单糖分子。多糖具有两种结构：一种

姓名：_____ 学号：_____ 班级：_____ 分数：_____

是_____，另一种是_____。

7. 最重要的单糖是_____，分子式为_____，为_____晶体，易溶于水，有甜味但不及蔗糖甜。

8. 由葡萄糖的结构简式，可见葡萄糖是一种多羟基醛，分子中的醛基容易被氧化成为羧基，因此葡萄糖具有_____，能发生_____，也能与_____反应。

9. 食用的红糖、白糖、冰糖等，它们是粒状大小不等及颜色不同（含有色素）的_____，主要来源于甘蔗和甜菜。他们分子中无游离半缩醛羟基，因此它没有_____，是非还原双糖。

10. _____存在于发芽的谷粒中，尤其是麦芽中，主要来源于玉米和大米等。麦芽糖分子中仍保留了一个半缩醛羟基，具有_____，是还原双糖。

11. 淀粉主要存在于植物的种子、根部和块茎中。它是_____粉末，_____甜味，_____冷水，在热水中会有_____作用。淀粉没有_____，是非还原糖，在催化剂（如酸、酶）存在和加热下可以逐步水解，水解最终产物是_____。

12. 纤维素存在于一切植物中，是构成植物细胞壁的基础物质，是自然界中分布最广、含量最多的一种多糖，_____是含纤维素最高的物质，含量达95%以上。纤维素是_____纤维状固体，_____味，_____水。纤维素性质较稳定，不具有_____，是非还原性糖；虽然能发生水解，但是比淀粉困难得多，水解最终产物是_____。

13. 在食品油炸、焙烤、烘焙等加工和储藏过程中，还原糖（主要是葡萄糖）同游离氨基酸或蛋白质分子中的氨自由基等含氨基的化合物一起加热时会发生_____（这种反应被称为_____），可产生美拉德褐变产物，包括可溶性与不可溶性的聚合物；也可产生特殊色泽，例如酱油与面包皮呈现的色泽。

14. 在没有氨基化合物存在的条件下，将糖或糖浆直接加热熔融，在温度超过100℃时，随着糖的分解变化，糖会变成黑褐色的焦糖，产生复杂的_____。焦糖化反应也会使食品产生色泽和风味的变化。

15. 糖类也在_____能源开发中发挥着重要作用。生物质能是一种重要的可再生能源，它利用现代生物质能技术，将生物质转化为能源，对于缓解能源紧张和环境保护，具有重要的意义。

二、选择题

1. 日常生活中食用的白糖、冰糖和红糖的主要成分是（　　）。
   A. 蔗糖　　　　　　　　B. 麦芽糖
   C. 葡萄糖　　　　　　　D. 果糖

2. 下列关于蔗糖和麦芽糖的说法中不正确的是（　　）。
   A. 蔗糖和麦芽糖互为同分异构体
   B. 蔗糖和麦芽糖的分子式相同
   C. 蔗糖和麦芽糖的水解产物都是葡萄糖
   D. 麦芽糖能发生银镜反应，而蔗糖不能发生银镜反应

3. 把氢氧化钠溶液和硫酸铜溶液加入某病人的尿液中，微热时如果观察到有红色沉淀，说明该尿液中含有（　　）。
   A. 食醋　　　　　　　　B. 白酒
   C. 食盐　　　　　　　　D. 葡萄糖

4. 青苹果汁遇碘显蓝色，熟苹果能还原银氨溶液，这说明（　　）。
   A. 青苹果中只含有淀粉不含糖类
   B. 熟苹果中只含糖类不含淀粉
   C. 苹果转熟时淀粉发生水解生成了具有还原性的糖
   D. 苹果转熟时单糖聚合成淀粉

5. 某品牌的八宝粥（含桂圆、红豆、糯米）广告称不加糖，比加糖还甜，适合糖尿病人食用。你认为下列判断不正确的是（　　）。
   A. 这个广告有误导喜爱甜食消费者的嫌疑
   B. 糖尿病人应少吃含糖的食品，该八宝粥未加糖，可以放心食用
   C. 不加糖不等于没有糖，糖尿病人食用需慎重

姓名：_____ 学号：_____ 班级：_____ 分数：_____

  D. 不能听从厂商或广告商的宣传，应询问医生

6. 下列关于糖的说法中不正确的是（　　）。

  A. 糖类又叫碳水化合物，主要由 C、H、O 三种元素组成

  B. 糖根据其水解情况分为单糖、低聚糖、多糖三类

  C. 低聚糖又被称为双糖

  D. 单糖是不能被水解的糖单位

7. 下列化合物中，不属于单糖的是（　　）。

  A. 核糖   B. 葡萄糖

  C. 果糖   D. 乳糖

8. 下列化合物中，属于非还原糖的是（　　）。

  A. 麦芽糖   B. 葡萄糖

  C. 蔗糖   D. 果糖

9. 淀粉水解的最终产物是（　　）。

  A. 二氧化碳和水   B. 葡萄糖和果糖

  C. 果糖   D. 葡萄糖

10. 下列有关糖类的叙述正确的是（　　）。

  A. 糖类都具有甜味

  B. 糖类都含有羰基，对氢氧化铜等弱氧化剂表现出还原性

  C. 糖类的组成都符合 $C_n(H_2O)_m$ 的通式

  D. 糖类是多羟基醛、多羟基酮和它们的脱水缩合物

11. 下列化合物中，不属于多糖的是（　　）。

  A. 糖原   B. 淀粉

  C. 纤维素   D. 麦芽糖

12. 下列化合物中，属于还原糖的是（　　）。

  A. 纤维素   B. 葡萄糖

  C. 蔗糖   D. 淀粉

13. 下列关于淀粉和纤维素的叙述错误的是（　　）。

  A. 都能发生水解反应

  B. 基本结构单元相同

主题六　常见生物分子及合成高分子化合物

C. 互为同分异构体

D. 都是天然高分子

14. 能证明淀粉已完全水解的现象是（　　）。

   A. 能发生银镜反应　　　　B. 能溶于水

   C. 有甜味　　　　　　　　D. 遇碘不再变蓝

15. 下列化合物中，不属于低聚糖的是（　　）。

   A. 核糖　　　　　　　　　B. 麦芽糖

   C. 冰糖　　　　　　　　　D. 白糖

16. 下列化合物中，具有还原性的糖类物质是（　　）。

   A. 纤维素　　　　　　　　B. 蔗糖

   C. 果糖　　　　　　　　　D. 淀粉

17. 分别加入适量下列物质，能使淀粉-KI溶液变蓝的是（　　）。

   A. NaCl　　　　　　　　　B. Fe粉

   C. 盐酸　　　　　　　　　D. 新制氯水

18. 下列关于低聚糖的说法中不正确的是（　　）。

   A. 蔗糖和麦芽糖都溶于水且有甜味

   B. 麦芽糖的水解产物是葡萄糖

   C. 蔗糖具有还原性，是还原双糖

   D. 蔗糖与银氨溶液不发生反应

19. 下列关于多糖的认识中，正确的是（　　）。

   A. 淀粉在人体内直接水解生成葡萄糖

   B. 淀粉属于糖类，有甜味

   C. 棉花的主要成分是纤维素

   D. 纤维素有还原性，水解最终产物是葡萄糖

20. 生活中的一些问题常涉及化学知识，下列叙述正确的是（　　）。

   A. 淀粉水解的最终产物是葡萄糖

   B. 过多食用糖类物质（如淀粉等）不会致人发胖

   C. 淀粉在人体内直接水解生成葡萄糖，供人体组织的营养需要

   D. 纤维素在人体消化过程中起重要作用，纤维素可以作为人类的营养物质

姓名：_____　学号：_____　班级：_____　分数：_____

三、判断题（正确的打"√"，错误的打"×"）

1. 糖类物质主要是由 C、H、O 三种元素组成的。　　　　　　（　　）
2. 蔗糖和麦芽糖属于低聚糖。　　　　　　　　　　　　　　（　　）
3. 淀粉在人体内直接水解生成葡萄糖。　　　　　　　　　　（　　）
4. 所有糖类都有甜味。　　　　　　　　　　　　　　　　　（　　）
5. 蔗糖和麦芽糖都具有还原性。　　　　　　　　　　　　　（　　）
6. 粮食中的淀粉属于糖类。　　　　　　　　　　　　　　　（　　）
7. 植物茎叶中的纤维素不属于糖类。　　　　　　　　　　　（　　）
8. 麦芽糖在一定条件下既能发生水解反应又能发生银镜反应。（　　）
9. 糖类分子结构中含有醛基或酮基。　　　　　　　　　　　（　　）
10. 葡萄糖和果糖属于单糖不能再水解。　　　　　　　　　　（　　）
11. 低聚糖可由单糖聚合而成或多糖水解得到。　　　　　　　（　　）
12. 单糖都具有还原性，因此单糖又称为还原糖。　　　　　　（　　）
13. 淀粉和纤维素是自然界中最常见的多糖。　　　　　　　　（　　）
14. 蔗糖具有还原性，能发生银镜反应。　　　　　　　　　　（　　）
15. 纤维素既能作为人类的营养物质又能作为食草动物的营养物质。
　　　　　　　　　　　　　　　　　　　　　　　　　　　（　　）

四、简答题

1. 简述葡萄糖结构特点与主要化学性质的关系。

2. 列表比较蔗糖与麦芽糖异同。

姓名：_____ 学号：_____ 班级：_____ 分数：_____

第二节　蛋白质

一、填空题

1. 氨基酸是含有_____和_____的一类有机化合物的通称，是大分子蛋白质的基本组成单位。

2. 天然的氨基酸现已经发现的有 300 多种，其中人体所需的氨基酸约有 22 种，分为_____和_____。

3. 人体（或其他脊椎动物）不能合成或合成速率远不适应机体的需要，必须由食物蛋白供给的氨基酸称为_____。

4. 人（或其他脊椎动物）自己能由简单的前体合成，不需要从食物中获得的氨基酸称为_____，如_____、_____等。

5. 大多数氨基酸因含羧基和氨基数目的不同而呈不同程度的_____（含羧基）或_____（含氨基），呈中性的较少。

6. _____是构成生物体蛋白质的最基本的物质，它在抗体内具有特殊的生理功能，是生物体内不可缺少的营养成分之一。

7. 蛋白质是化学结构复杂的一类有机化合物，主要由_____、_____、_____、_____、_____等元素组成。

8. 蛋白质是由_____通过_____构成的高分子化合物，含有氨基和羧基，因此也有两性。

9. 向蛋白质溶液中加入大量的电解质（中性盐如硫酸钠、氯化钠）使蛋白质沉淀析出的现象称为_____。

10. 盐析是可逆过程，是物理变化。采用盐析方法可以_____蛋白质。

11. 蛋白质在某些条件作用下会因发生性质上的改变而凝聚，这种凝聚是不可逆的，不能再使它们恢复成原来的蛋白质，蛋白质的这种变化叫做_____。

12. 蛋白质可以与许多试剂发生_____，例如在鸡蛋白溶液中滴入浓硝酸，则鸡蛋白溶液呈黄色。

13. 蛋白质变性后最明显的表现为生物活性_____，溶解度_____，蛋白质从溶液中析出，且不再溶解。

14. 蛋白质在灼烧时，产生_____的气味，利用这一性质也可以鉴别蛋白质。

15. 膳食所提供的营养和人体所需的营养恰好一致，即人体消耗的营养与从食物获得的营养达成平衡，这称为_____或_____。

二、选择题

1. 下列氨基酸中，不属于必需氨基酸的是（　　）。
   A. 赖氨酸　　　　　　　　B. 色氨酸
   C. 丙氨酸　　　　　　　　D. 亮氨酸

2. 误食重金属盐而引起中毒，急救的方法是（　　）。
   A. 服用大量的生理盐水　　B. 服用大量的牛奶和豆浆
   C. 服用 Na_2SO_4 溶液　　D. 服用可溶性硫化物

3. 下列关于酶的叙述中不正确的是（　　）。
   A. 酶是一种氨基酸
   B. 酶是一种蛋白质
   C. 酶是生物体内产生的催化剂
   D. 酶受到高温或重金属盐等作用时会变性

4. 为鉴别纺织品的成分是蚕丝还是合成纤维，可选用的简单、适宜的方法是（　　）。
   A. 滴加 H_2SO_4　　　　　B. 灼烧线头
   C. 用手摩擦凭手感　　　　D. 滴加浓 HNO_3

5. 能使蛋白质从溶液中析出，又不使蛋白质变性的方法是（　　）。
   A. 加饱和硫酸钠溶液　　　B. 加甲醛
   C. 加 75% 酒精　　　　　 D. 加氢氧化钠溶液

姓名：_____ 学号：_____ 班级：_____ 分数：_____

6. 下列有关蛋白质的叙述不正确的是（　　）。

　　A. 蛋白质的变性是不可逆的

　　B. 蛋白质闻起来有烧焦羽毛的气味

　　C. 蛋白质都可以水解

　　D. 人重金属中毒后可用牛奶解毒

7. 下列食物中蛋白质含量最少的是（　　）。

　　A. 鸡蛋　　　　　　　　B. 肉类

　　C. 豆类　　　　　　　　D. 谷物

8. 下列元素中不是蛋白质的主要组成元素的是（　　）。

　　A. 碳　　　　　　　　　B. 氢

　　C. 氮　　　　　　　　　D. 氯

9. 下列氨基酸中，属于必需氨基酸的是（　　）。

　　A. 甘氨酸　　　　　　　B. 色氨酸

　　C. 丙氨酸　　　　　　　D. 精氨酸

10. 下列过程不涉及蛋白质变性的是（　　）。

　　A. 煮鸡蛋

　　B. 使用福尔马林（甲醛水溶液）保存标本

　　C. 以粮食为原料酿酒

　　D. 使用医用酒精、紫外线杀菌消毒

11. 下列物质能够有效地缓解重金属中毒的是（　　）。

　　A. 奶油　　　　　　　　B. 淀粉

　　C. 钙片　　　　　　　　D. 豆浆

12. 下列关于蛋白质的叙述中，正确的是（　　）。

　　A. 蛋白质是酶，其基本组成单位是氨基酸

　　B. 胰岛素是由一条肽链组成的蛋白质

　　C. 蛋白质是由一条或多条多肽链组成的生物大分子

　　D. 各种蛋白质都含有 C、H、O、N、P 等元素

13. 下列物质不属于蛋白质的是（　　）。

　　A. 胰岛素　　　　　　　B. 淀粉酶

姓名：_____ 学号：_____ 班级：_____ 分数：_____

  C. 卵清蛋白   D. 赖氨酸

14. 同一草场上的牛和羊吃了同样的草，可牛肉和羊肉的口味却有差异，这是由于（ ）。

  A. 同种植物对不同生物的影响不同

  B. 牛和羊的消化功能强弱有差异

  C. 牛和羊的蛋白质结构有差异

  D. 牛和羊的亲缘关系比较远

15. 下列关于蛋白质的叙述中，不正确的是（ ）。

  A. 向蛋白质溶液里加入饱和硫酸铵溶液，有沉淀析出，再加水也不溶解

  B. 皮肤、指甲不慎沾上浓硝酸会出现黄色

  C. 鸡蛋清溶液加热时蛋白质能发生凝结而变性

  D. 蛋白质的水溶液能产生丁达尔效应

三、判断题（正确的打"√"，错误的打"×"）

1. 蛋白质主要由碳、氢、氧、氮、硫等元素组成。 （ ）
2. 蛋白质是由氨基酸组成的，它是化学结构复杂的一类有机化合物。（ ）
3. 蛋白质盐析是不可逆过程，属于物理变化。 （ ）
4. 氨基酸是蛋白质的基本组成单位，它可以通过蛋白质水解或人工合成得到。 （ ）
5. 蛋白质变性后仍具有生物活性。 （ ）
6. 甘氨酸属于人体不能合成必须从食物中获得的必需氨基酸。（ ）
7. 在鸡蛋清溶液中加入饱和硫酸钠溶液有沉淀析出，发生蛋白质变性。（ ）
8. 蛋白质的颜色反应属于物理变化。 （ ）
9. 蛋白质变性是不可逆过程。 （ ）
10. 采用盐析方法可以分离提纯蛋白质。 （ ）
11. 大多数氨基酸呈中性。 （ ）

姓名：_____　学号：_____　班级：_____　分数：_____

12. 氨基酸是含有氨基和羧基的一类有机化合物的通称。（　）
13. 用灼烧的方法可以鉴别毛织物和棉织物。（　）
14. 蛋白质具有两性且易溶于水。（　）
15. 通过使蛋白质变性可以制备和保存激素、疫苗、酶类、血清等制剂。（　）

四、简答题

1. 蛋白质的组成和结构特点是什么？

2. 蛋白质的主要性质有哪些？

第三节　合成高分子化合物

一、填空题

1. 分子量很大（至少在 10000 以上）的化合物叫高分子化合物，简称_____，按其来源可分为_____和_____。
2. 高分子化合物几乎无挥发性，常温下以_____或_____存在。固态高分子按其结构形态可分为_____和_____。前者分子排列规整有序；而后者分子排列无规则。
3. 组成高分子链的原子之间是以共价键相结合的，高分子链一般具有_____和_____两种不同的形状。
4. 通常使用的合成高分子化合物主要有_____、_____以及_____

姓名：_____ 学号：_____ 班级：_____ 分数：_____

三大类。

5. 塑料的主要成分是_____。根据塑料受热时的性质，可以把塑料分为_____和_____两大类。

6. _____是利用石油、天然气、煤和农副产品作原料制成单体，经聚合反应制成的。

7. _____由橡胶树或橡胶草中的胶乳加工而制得，_____是由分子量较小的二烯烃或烯烃作为单体经聚合而成的。

8. 既具有传统高分子材料的力学性能，又能满足光、电、磁、化学、生物、医学等某些功能需要的新型高分子材料，称为_____。

9. _____是用具有特殊分离功能的高分子材料制成的薄膜。它一般只允许水及一些小分子物质通过，其余物质则被截留在膜的另一侧，达到对原液净化、分离和浓缩的目的。

10. 由两种或两种以上材料共同组成，其中由某一种或几种材料作为基体，另一种或几种材料作为增强体，使复合材料既能保持原来每一种材料的长处，又能弥补短处的材料被称为_____。

二、选择题

1. 橡胶属于重要的工业原料。它是一种有机高分子化合物，具有良好的弹性，但强度较差。为了增加某些橡胶制品的强度，加工时往往需要进行硫化处理。即将橡胶原料与硫黄在一定条件下反应。橡胶制品硫化程度越高，强度越大，弹性越差。下列橡胶制品中，加工时硫化程度较高的是（   ）。
   A. 橡皮筋   B. 汽车外胎
   C. 普通气球   D. 医用乳胶手套

2. 以下不属于通常使用的合成高分子材料的是（   ）。
   A. 塑料   B. 合成纤维
   C. 纤维素   D. 合成橡胶

3. 下列属于热塑性塑料的是（   ）。
   A. 圆珠笔杆   B. 炒锅手柄

C. 塑料纽扣　　　　　　D. 塑料包装袋

4. 婴幼儿使用的纸尿裤可吸入自身质量数百倍的尿液而不滴漏，保证了婴幼儿白天活动与夜晚安睡，它使用了以下哪种功能高分子材料？（　　）

   A. 高吸水性高分子材料

   B. 高分子磁性材料

   C. 高分子分离膜

   D. 可降解高分子材料

5. 人们过去使用蒸馏法进行海水淡化处理，但耗能较多，现在使用较为高效的分离膜法进行处理，它使用了以下哪种功能高分子材料？（　　）

   A. 可降解高分子材料

   B. 高吸水性高分子材料

   C. 高分子分离膜

   D. 光功能高分子材料

6. 下列物质中，属于天然高分子材料的是（　　）。

   A. 酚醛塑料　　　　　　B. 棉花

   C. 聚乙烯　　　　　　　D. 聚氯乙烯

7. 下列物质中，不能用作原料制成单体后再经聚合反应制成合成纤维的是（　　）。

   A. 石油　　　　　　　　B. 天然气

   C. 煤　　　　　　　　　D. 黏胶纤维

8. 在生活垃圾中，废塑料属于（　　）垃圾。

   A. 有害　　　　　　　　B. 可回收

   C. 厨余　　　　　　　　D. 其他

9. 下列物品主要由有机合成材料制成的是（　　）。

   A. 塑料垃圾桶　　　　　B. 纯棉衬衫

   C. 玻璃杯　　　　　　　D. 不锈钢餐具

10. 下列不是热塑性塑料用途的是（　　）。

姓名：_____ 学号：_____ 班级：_____ 分数：_____

  A. 塑钢建材   B. 食品包装

  C. 日常用具   D. 绝缘材料

三、判断题（正确的打"√"，错误的打"×"）

1. 塑料的主要成分是合成树脂，聚乙烯属于合成树脂，可以用来生产塑料制品。（ ）
2. 丁二烯可以作为合成橡胶的单体。（ ）
3. 高分子化合物按其来源可分为天然高分子和合成高分子。（ ）
4. 天然橡胶是由橡胶树或橡胶草中的胶乳加工而制得。（ ）
5. 天然纤维具有强度大、弹性好、耐磨、不怕虫蛀、不缩水等特点。（ ）
6. 塑料属于合成高分子材料。（ ）
7. 世界上最早的人工合成纤维是尼龙。（ ）
8. 热塑性塑料一般是一次成型受热不易变形的塑料。（ ）
9. 热固性塑料可以加热熔融后制成新品。（ ）
10. 研发可降解高分子材料有助于减少"白色污染"。（ ）
11. 塑料制品的原料除合成树脂外，没有其它材料。（ ）
12. 同一种固态高分子化合物可以兼具晶态和非晶态两种结构。（ ）
13. 热固性塑料受热软化，可以塑制成一定的形状，冷却后变硬，再加热仍可软化。（ ）
14. 为了改善透气性，常用几种合成纤维制成混纺织物。（ ）
15. 大多数的合成树脂都是非晶态结构。（ ）

四、简答题

1. 合成纤维的结构特点和主要性能是什么？

2. 合成橡胶的结构特点和主要性能是什么？

第四节 学生实验 常见生物分子的性质

一、填空题

1. 葡萄糖的还原性——与银氨溶液（托伦试剂）反应。在一支试管中加入 1mL 2% $AgNO_3$ 溶液，边振荡试管边滴加 2% 氨水溶液，出现 _____，继续滴加氨水到白色沉淀溶解为止，再加入 1mL 10% 葡萄糖溶液，振荡后放在水浴中加热 3～5min，观察到的现象为 _____。实验小结：_____。

2. 葡萄糖的还原性——与新制氢氧化铜（费林试剂）反应。在一支试管中加入 2mL 10% NaOH 溶液，滴加 5 滴 5% $CuSO_4$ 溶液，观察到的现象为 _____，再加入 2mL 10% 葡萄糖溶液，加热，观察到的现象为 _____。实验小结：_____。

3. 淀粉的检验。在一支试管中加入少量新制的 0.5% 淀粉溶液，滴入几滴 0.1% 碘液，观察溶液颜色变化为 _____。实验小结：_____。

4. 蛋白质的盐析。取 2mL 20% 鸡蛋清溶液于试管中，缓慢加入 2mL 饱和 $(NH_4)_2SO_4$ 溶液，观察到的现象为 _____，取浑浊液 1mL 于另一支试管中，加入 4～5mL 蒸馏水，轻轻振荡，观察到的现象为 _____。实验小结：_____。

5. 蛋白质的变性。在两支试管中各加入 2mL 20% 鸡蛋清溶液，其中一

姓名：_____ 学号：_____ 班级：_____ 分数：_____

支试管加热，在另一支试管中滴入1~2滴饱和醋酸铅溶液，前一支试管观察到的现象为_____，后一支试管观察到的现象为_____。然后再向两支试管中各加入5mL蒸馏水，轻轻振荡，前一支试管观察到的现象为_____，后一支试管观察到的现象为_____。实验小结：_____。

6. 蛋白质的颜色反应。在一支试管中分别加入2mL鸡蛋清溶液和几滴浓硝酸溶液，微热，观察到的现象为_____。实验小结：_____。

二、选择题

1. 在一支试管中加入2mL 10% NaOH溶液，滴加5滴5% $CuSO_4$ 溶液，观察到有（　　）沉淀生成。
   A. 砖红色　　　　　　B. 蓝色
   C. 白色　　　　　　　D. 绿色

2. 葡萄糖与新制氢氧化铜（费林试剂）反应，观察到有（　　）沉淀生成。
   A. 白色　　　　　　　B. 银色
   C. 蓝色　　　　　　　D. 砖红色

3. 下列物质中不能使蛋白质发生盐析的是（　　）。
   A. 硫酸铵　　　　　　B. 氯化钠
   C. 醋酸铅　　　　　　D. 硫酸钠

4. 在两支试管A和B中各加入2mL20%鸡蛋清溶液，其中对试管A进行加热，在试管B中滴入1~2滴饱和醋酸铅溶液，观察两支试管发生的现象，以下对蛋白质从溶液中析出情况表述正确的是（　　）。
   A. 试管A析出，试管B不析出
   B. 试管A不析出，试管B析出
   C. 试管A和试管B都析出

主题六　常见生物分子及合成高分子化合物

姓名：_____ 学号：_____ 班级：_____ 分数：_____

  D. 试管 A 和试管 B 都不析出

5. 在蛋白质溶液中加入几滴浓硝酸溶液，微热，观察到溶液显（　　）。
  A. 白色　　　　　　　　B. 黄色
  C. 蓝色　　　　　　　　D. 红色

三、判断题（正确的打"√"，错误的打"×"）

1. 利用盐析或变性均可分离提纯蛋白质。（　　）
2. 使用涂抹医用酒精、高温蒸煮、紫外线照射等方法进行消毒灭菌依据的是蛋白质变性原理。（　　）
3. 重金属盐能使蛋白质变性，所以吞服"钡餐"会引起中毒。（　　）
4. 冰糖与新制的氢氧化铜反应能生成砖红色沉淀。（　　）
5. 淀粉与碘作用显蓝色。（　　）
6. 医学上可以使用费林试剂来检测尿液中葡萄糖的含量。（　　）
7. 向蛋白质溶液中加入饱和硫酸铵溶液有沉淀析出属于化学变化。（　　）
8. 血红蛋白分子中含有化学元素 C、N 和 Fe 等。（　　）
9. 鸡蛋煮熟后，蛋白质失活，这是由于高温破坏了蛋白质的空间结构。
（　　）
10. 浓硝酸使皮肤呈黄色是由于浓硝酸与蛋白质发生了颜色反应。
（　　）

四、简答题

1. 简述医学上用葡萄糖与新制氢氧化铜反应检测尿液中葡萄糖含量的原理。

2. 简述盐析现象及特点。

参考答案

主题一 原子结构和化学键

第一节 原子结构

一、填空题

1. 最小粒子,正,负,质子,中子,正电荷,电荷,负电荷
2. 核电荷数(Z),核电荷数(Z),核内质子数,核外电子数
3. 1.6726×10^{-27},1.6749×10^{-27},1/1837,原子核,相对质量
4. 1.9927×10^{-26},1.007,1.008,质量数,A,+
5. 核电荷数,质子数,质子数,中子数,质子数,中子数,同位素
6. 化学性质
7. 原子弹,核反应,放射性,稳定
8. 较低,较高,电子层,核外电子的分层排布
9. $2n^2$,2,8,18,32

二、选择题

1. C 2. C 3. B 4. D 5. C 6. A 7. A 8. D 9. A 10. C

三、判断题

1. ×　2. √　3. ×　4. ×　5. √　6. ×　7. ×　8. ×
9. ×　10. √　11. ×　12. ×　13. √

四、简答题

1. 答：如果忽略电子的质量,将原子核内所有的质子和中子的相对质量取近似整数值加起来,所得的数值叫质量数,用符号 A 表示。
2. 答：具有相同质子数和不同中子数的同一种元素的几种原子互称为同位素,同位素中,不同原子的质量不同,但化学性质几乎是完全相同的。
3. 答：因为　$A=23$　$Z=11$

所以 $N=A-Z=23-11=12$

因此中子数是12，核外电子数是11，原子序数也是11，推断出它是钠元素的原子。

第二节 元素周期律

一、填空题

1. 原子核外电子排布，周期，族

2. 电子层，递增，七，横行，周期，七，等于

3. 1、2、3，2、8、8，短，4、5、6、7，18、18、32、32，长

4. 15，6，15，7，118

5. 18，8、9、10，16，主，副，8，8

6. 短，长，主，A

7. 等于

8. 副，B

二、选择题

1. C 2. C 3. C 4. A 5. B 6. B 7. A 8. C 9. B 10. D

三、判断题

1. √   2. ×   3. √   4. ×   5. √   6. ×   7. √   8. √
9. √   10. ×   11. √   12. √   13. ×

四、简答题

1. 答：最高正化合价＝主族元素的族序号。

   最低负化合价＝最高正化合价－8。

2. 答：根据元素在周期表中的位置，可以推测各种元素的原子结构以及元素及其化合物性质的递变规律，也可以根据元素的原子结构推测它在周期表中的位置。

   现在科学家利用元素周期表，研究合成新物质，如在金属和非金属的分界线附近，寻找制取半导体材料（如 Si、Ge 等），在过渡元素中寻找各种优良的催化剂及耐高温、耐腐蚀的合金材料。在周期表一定区域内寻找元素，发现物质的新用途被视为一种相当有效的方法。

3. 答：元素的化学性质主要是由元素原子的最外层电子数决定的。

第三节　化学键

一、填空题

1. 金属，非金属，失去，得到

2. 阴、阳，静电，离子键，离子键，离子化合物

3. 7，8，1，1，2，1，共用

4. 共用电子对，非金属

5. 共价

二、选择题

1. D　2. A　3. C　4. B　5. D　6. C　7. D　8. A　9. B　10. A　11. D

三、判断题

1. ×　2. ×　3. √　4. √　5. √　6. √　7. √　8. √
9. ×　10. √　11. √　12. ×　13. √

四、简答题

1. 答：氯原子的最外层有 7 个电子，要达到 8 电子结构需要获得一个电子，氢原子的最外层有 1 个电子，要达到 2 电子结构也需要获得一个电子，两个原子间难以发生电子得失；如果氯原子与氢原子各提供 1 个电子，形成共用电子对，两个原子就都形成了稳定结构。

2. 答：共价键是原子间通过共用电子对所形成的化学键，如 H_2、CO_2 等。离子键是阴、阳离子之间通过静电作用而形成的化学键，如 KCl、Na_2O 等。两者不同之处在于前者是原子间，共用电子对，后者是离子间，静电作用。

3. 答：NH_4Cl。

第四节　化学实验基本操作

一、填空题

1. 手，闻，气体，尝

2. 规定，最少，1~2，盖满

3. 不能，丢弃，带出

4. 干燥

5. 试管倾斜，标签

6. 倾斜，接近，平视

7. 掩埋、丢弃，收集桶

8. 消除危害

9. 绿色、绿色，三废

二、选择题

1. B	2. A	3. B	4. B	5. B	6. D	7. C	8. B
9. B	10. A	11. D	12. D	13. B	14. C	15. B	16. B
17. C	18. B	19. C	20. C	21. A	22. B	23. A	24. C
25. A							

三、判断题

1. √	2. √	3. √	4. ×	5. ×	6. ×	7. ×	8. √
9. √	10. √	11. √	12. ×	13. √	14. ×	15. √	16. ×
17. √	18. ×	19. √	20. ×	21. √	22. √	23. √	24. ×
25. ×	26. ×	27. ×	28. √	29. ×	30. √	31. √	32. ×
33. ×	34. √	35. ×					

四、简答题

1. 答：(1) 做有毒气体的实验时，应在通风橱中进行，并注意对尾气进行适当处理（如吸收等）。

(2) 烫伤宜找医生处理。

(3) 浓酸洒在实验台上，先用 Na_2CO_3（或 $NaHCO_3$）中和，后用水冲擦干净。浓酸沾在皮肤上，宜先用干抹布拭去，再用水冲洗干净。浓酸溅在眼中应先用稀 $NaHCO_3$ 溶液淋洗，然后请医生处理。

(4) 浓碱洒在实验台上，先用稀乙酸中和，然后用水冲擦干净。浓碱沾在皮肤上，宜先用大量水冲洗，再涂上硼酸溶液。浓碱溅入眼中，用水洗净后再用硼酸溶液淋洗。

(5) 钠、磷等失火宜用沙土扑盖。

(6) 酒精及其他易燃有机物小面积失火,应迅速用湿抹布扑盖。

2. 答:实验室常见火灾事故主要有电源火灾和试剂火灾。试剂存放具体要求如下:

(1) 易燃易爆的试剂要贮存于阴凉干燥、通风良好的贮藏室内,严禁混放能发生激烈反应或放出有毒气体的物质。

(2) 见光易分解或发生爆炸的试剂一定要避光保存。

(3) 常温下易自燃的物质要低温保存,遇水易燃烧的试剂要存放于隔水防潮阻燃的介质中。

(4) 在量取或使用易挥发、易燃易爆试剂时,要在通风橱内进行,切勿将瓶口对着自己或他人。

(5) 实验室要配备必要的防护用品和消防设备。

实验室操作不仅要求能科学正确地使用各种仪器和药品,而且还要求熟悉灭火常识,能够熟练地操作实验室配备的灭火设备,一旦发生火灾,要沉着冷静,迅速采取有效的灭火措施。若遇电气设备起火,应立即切断电源,用抹布、细沙或石棉布覆盖熄灭。若火势较大,立即根据燃烧物质的性质,选择合适的灭火器进行灭火,并迅速拨打火警电话119报警。实验室火灾时有发生,有时还造成有毒物质的泄漏,污染环境。因此,做好实验室的安全防火尤为重要。

主题二 化学反应及其规律

第一节 氧化还原反应

一、填空题

1. 升降,氧化反应,还原反应

2. 氧化还原反应,等于

3. 置换,复分解

4. 分解

5. 还原剂,氧化剂

6. 降低,氧化,还原

7. 升高，还原，氧化

8. 氧化剂

9. 还原剂

10. 化合、分解

11. $+1$、-1、-2、-1、-4、$+2$、$+4$、-3、$+1$、$+2$、$+3$、$+4$、$+5$、-2、$+2$、$+4$、$+6$、-1、-1、$+1$、$+3$、$+5$、$+7$、$+1$、$+1$、$+1$、$+1$、$+2$、$+2$、$+2$、$+1$、$+2$、$+2$、$+3$、$+3$

二、选择题

| 1. D | 2. B | 3. A | 4. C | 5. C | 6. D | 7. A | 8. B |
| 9. D | 10. C | 11. D | 12. C | 13. B | 14. B | 15. A | 16. C |

三、判断题

1. √	2. √	3. ×	4. √	5. √	6. ×	7. √	8. ×
9. ×	10. √	11. √	12. ×	13. ×	14. √	15. √	16. √
17. ×	18. √	19. √	20. ×				

四、简答题

1. 答：空气中的氧是氧化剂，二价铁离子是还原剂，维生素 C 可有效防止二价铁离子被氧化。金属生锈也是典型的氧化还原反应。

2. 答：Fe_2O_3 是氧化剂，CO 是还原剂，碳元素被氧化，铁元素被还原，Fe_2O_3 有氧化性，CO 有还原性，Fe 从 $+3$ 价变到 0 价，C 从 $+2$ 价变到 $+4$ 价。

$$\overset{+3}{Fe_2O_3} + 3\overset{+2}{CO} \xrightarrow{\text{高温}} 2\overset{0}{Fe} + 3\overset{+4}{CO_2}$$

（得到 $2\times 3e$，失去 $3\times 2e$）

第二节 化学反应速率

一、填空题

1. 快，多

2. 减慢

3. 快慢程度，减少量，增加量

4. 反应物

5. 浓度、压力、温度、催化剂，接触面积大小、扩散速率

6. 快，慢

7. 增大，扩大

8. 大块固体

9. 超声波

10. 镁条，铁片，铜箔，镁条和铁片，参与反应物质自身的化学性质

11. 粉末状 $CaCO_3$，越小，越大，越快

12. 3mol/L 盐酸，大，快

13. 迅速，产量大，高，快

14. 较快，加快反应速率，$2H_2O_2 \xrightarrow{\text{催化剂}} 2H_2O + O_2\uparrow$，催化剂

15. 炸药的爆炸、化肥的生产、药物的合成、钢铁的腐蚀、橡胶塑料的老化、食品的变质

二、选择题

1. B   2. D   3. B   4. A   5. C   6. C   7. D   8. D

9. C   10. A   11. D   12. C   13. C

三、判断题

1. √   2. √   3. ×   4. √   5. ×   6. √   7. ×   8. √

9. ×   10. √

四、简答题

1. 解：由公式 $v = \dfrac{\Delta c}{\Delta t}$ 或 $v = \dfrac{\Delta n}{V \Delta t}$ 得

$$v = (2 - 1.2)\text{mol/L}/5\text{s} = 0.16 \text{mol/(L·s)}$$

答：用氨气表示该反应的速率为 0.16mol/(L·s)

2. 答：降低温度，化学反应速率减慢，可以有效抑制食物腐败氧化的速度，食品变质速度也减慢。

第三节 化学平衡

一、填空题

1. 能进行到底，不可逆反应，$=\!=\!=$

2. 可逆反应，$\rightleftharpoons$

3. 正反应，逆反应，小于

4. 化学平衡状态，速率相等，保持不变

5. 浓度、压力、温度、平衡状态，化学平衡的移动

6. 正反应，逆反应

7. 增大压力，减小压力

8. 放热反应，吸热反应，吸热，吸热反应，放热反应

9. 没有影响，反应达到平衡所需时间

10. 能够减弱这种改变的方向

11. 增大，深，正反应方向/右/体积减小方向，减小，浅，逆反应方向/左/体积增大方向

二、选择题

1. C　　2. B　　3. D　　4. A　　5. B　　6. D　　7. C　　8. B

9. C　　10. A

三、判断题

1. √　　2. ×　　3. √　　4. ×　　5. ×　　6. ×　　7. √　　8. ×

9. √　　10. ×　　11. √　　12. √　　13. √

四、简答题

1. 答：硅胶袋是一种干燥剂，有较强的吸水性，可用于瓶装药品、袋装食品的防潮，保证内容物品的干燥，防止各种杂霉菌的生长。

2. 答：依据的原理是增大廉价易得的反应物浓度，提高另外较贵重原料的转化率，使贵重原料得到充分利用。

主题三　溶液与水溶液中的离子反应

第一节　溶液组成的表示方法

一、填空题

1. n，摩尔，"摩"，mol

2. 物质所含微观粒子数目多少

3. $0.012\text{kg}^{12}\text{C}$，$6.02\times10^{23}$，阿伏伽德罗常数，$N_A$

4. 原子、分子、离子，电子、中子、质子

5. $n = \dfrac{N}{N_A}$

6. 克（g），原子量或分子量，物质的摩尔质量

7. M，kg/mol，g/mol

8. g/mol，化学式的式量相同

9. $n = \dfrac{m}{M}$

10. 标准状况，气体摩尔体积，V_m，L/mol，$V_m = 22.4$

11. 阿伏伽德罗

12. $n = \dfrac{V}{V_m}$

13. 物质的量，c，mol/L 或 mol/dm^3，物质的量浓度（mol/L）= $\dfrac{溶质的物质的量（mol）}{溶液的体积（L）}$ 即 $c = \dfrac{n}{V}$

14. 物质的量，$n_浓 = n_稀$，$c_浓 V_浓 = c_稀 V_稀$

15. 溶质的质量分数

16. 质量浓度

17. 体积分数

18. 体积比浓度

19. 溶质 B 的质量摩尔浓度（m_B），摩尔每千克（mol/kg）

二、选择题

1. B   2. A   3. C   4. D   5. C   6. D   7. A   8. D
9. B   10. D   11. B   12. B

三、判断题

1. √   2. ×   3. √   4. ×   5. √   6. √   7. ×   8. √
9. √   10. √ 11. √ 12. √ 13. √ 14. √ 15. × 16. √
17. √ 18. √ 19. √ 20. × 21. √ 22. × 23. √ 24. ×
25. √ 26. √ 27. √ 28. × 29. × 30. × 31. √ 32. ×
33. × 34. × 35. × 36. √ 37. √ 38. × 39. √ 40. √
41. × 42. × 43. × 44. √ 45. × 46. × 47. √

四、计算题

1. 解：$M=18{\rm g/mol}$，$m=90{\rm g}$

   $n=\dfrac{m}{M}$，所以 $n=90{\rm g}/18{\rm g/mol}=5{\rm mol}$

   答：90g 水的物质的量是 5mol。

2. 解：$M=32{\rm g/mol}$，$m=32{\rm g}$

   $n=\dfrac{m}{M}$，所以 $n=32{\rm g}/32{\rm g/mol}=1{\rm mol}$

   答：32g 氧气的物质的量是 1mol。

3. 答：体积相同。

物质	物质的量/mol	质量/g	体积/cm^3
H_2	1	2	22.4
O_2	1	32	22.4
CO_2	1	44	22.4

4. 答：(1) 45g NO

   $M=30{\rm g/mol}$，$m=45{\rm g}$，$V_m=22.4{\rm L/mol}$

   $n=\dfrac{m}{M}$，则 $n=45{\rm g}/32{\rm g/mol}=1.5{\rm mol}$

   $V=n\times V_m=1.5{\rm mol}\times 22.4{\rm L/mol}=33.6{\rm L}$

   (2) 28g CO

   $M=28{\rm g/mol}$，$m=28{\rm g}$，$V_m=22.4{\rm L/mol}$

   $n=\dfrac{m}{M}$，则 $n=28{\rm g}/28{\rm g/mol}=1{\rm mol}$

   $V=n\times V_m=1{\rm mol}\times 22.4{\rm L/mol}=22.4{\rm L}$

   (3) 16g SO_2

   $M=64{\rm g/mol}$，$m=16{\rm g}$，$V_m=22.4{\rm L/mol}$

   $n=\dfrac{m}{M}$，则 $n=16{\rm g}/64{\rm g/mol}=0.25{\rm mol}$

$V = n \times V_m = 0.25 \text{mol} \times 22.4 \text{L/mol} = 5.6 \text{L}$

(4) 9.2g NO_2

$M = 46 \text{g/mol}$，$m = 9.2 \text{g}$，$V_m = 22.4 \text{L/mol}$

$n = \dfrac{m}{M}$，则 $n = 9.2 \text{g}/46 \text{g/mol} = 0.2 \text{mol}$

$V = n \times V_m = 0.2 \text{mol} \times 22.4 \text{L/mol} = 4.48 \text{L}$

第二节　弱电解质的解离平衡

一、填空题

1. 能够导电，电解质，不能导电，非电解质

2. 电解质，能导电，电解质分子发生解离，自由移动的离子

3. 非电解质，无法解离出离子，不导电

4. 水溶液中或熔融，形成自由移动离子，解离

5. 解离程度不同

6. 解离能力，强电解质，弱电解质

7. 完全解离，强电解质，全部以离子，"=="，完全解离

8. 强酸、强碱、大多数盐（包括难溶盐）

9. 只能部分解离，弱电解质，只有少部分，"⇌"，部分解离

10. 弱酸、弱碱、水

11. 等于，动态平衡，解离平衡

二、选择题

1. C　　2. D　　3. C　　4. C　　5. C

三、判断题

1. √　　2. √　　3. √　　4. √　　5. ×　　6. ×　　7. ×　　8. ×
9. √　　10. ×　　11. √　　12. √　　13. √　　14. √　　15. √　　16. ×
17. ×　　18. √　　19. √　　20. ×

四、简答题

答：(1) $NaOH = Na^+ + OH^-$

(2) $HCl = H^+ + Cl^-$

(3) $NH_4Cl = NH_4^+ + Cl^-$

(4) $Na_2SO_4 \rightleftharpoons 2Na^+ + SO_4^{2-}$

(5) $NH_3 \cdot H_2O \rightleftharpoons NH_4^+ + OH^-$

(6) $H_2CO_3 \rightleftharpoons H^+ + HCO_3^-$

$HCO_3^- \rightleftharpoons H^+ + CO_3^{2-}$

第三节 水的离子积和溶液的 pH

一、填空题

1. 极弱，H^+ 和 OH^-

2. 1×10^{-7} mol，$c(H^+) = c(OH^-) = 1 \times 10^{-7}$ mol/L

3. 离子积常数，常数，温度，不同，1×10^{-14}

4. 纯水，酸、碱、盐的稀溶液，适用

5. 酸性溶液，中性溶液，碱性溶液

6. pH

7. 0～14，离子浓度

8. 酸性，碱性

9. 10

10. 7.35～7.45，酸，碱，0.4

11. 指示溶液酸碱性，精确，pH 计（也称酸度计）

12. 不高，pH 试纸、石蕊试纸，不同的，滴在，标准比色卡，大致 pH

二、选择题

1. D　　2. B　　3. A　　4. D　　5. B　　6. C　　7. D　　8. B

9. A　　10. B

三、判断题

1. ×　2. √　3. ×　4. ×　5. ×　6. √　7. √　8. ×

9. √　10. ×　11. √　12. ×　13. √　14. ×　15. ×　16. √

17. ×　18. √　19. ×　20. √　21. ×　22. √　23. √　24. √

四、简答题

1. 答：偏酸性的有胃酸、尿液；偏碱性的有血液、小肠液。

2. 答：甲同学的测定结果是不可靠的，直接把 pH 试纸浸入待测溶液中，pH 试纸上吸附的混合指示液就进到了待测溶液中，看不清楚显示的颜色，也破坏了待测溶液的成分。

乙同学的测定结果是可靠的，正确的试纸测试方法就是用蒸馏水将试纸润湿，然后把待测溶液滴到 pH 试纸上，再与标准色卡对照。

第四节　离子反应和离子方程式

一、填空题

1. 完全或部分，离子，离子反应
2. 沉淀、气体、弱电解质（包括水）
3. 离子方程式
4. "写""拆""删""查"

二、选择题

1. A　　2. C　　3. C　　4. B　　5. B

三、判断题

1. ×　　2. √　　3. √　　4. ×　　5. ×　　6. ×

四、简答题

1. 答：水垢的主要成分是碳酸钙，碳酸的酸性比醋酸弱，在醋酸的作用下，碳酸根生成二氧化碳和水，从而把水垢除去。

   离子方程式为：

   $2H^+ + CaCO_3 \rightleftharpoons H_2O + CO_2\uparrow + Ca^{2+}$

2. 答：离子反应的条件是：

   (1) 生成沉淀的离子反应：$Ag^+ + Cl^- \rightleftharpoons AgCl\downarrow$

   (2) 生成气体的离子反应：$2H^+ + CO_3^{2-} \rightleftharpoons H_2O + CO_2\uparrow$

   (3) 生成弱电解质的离子反应：$H^+ + OH^- \rightleftharpoons H_2O$

3. 答：(1) $Fe_2O_3 + 6H^+ \rightleftharpoons 2Fe^{3+} + 3H_2O$

   (2) $Zn + 2H^+ \rightleftharpoons Zn^{2+} + H_2\uparrow$

   (3) $Cu^{2+} + SO_4^{2-} + Ba^{2+} + 2OH^- \rightleftharpoons BaSO_4\downarrow + Cu(OH)_2\downarrow$

   (4) $2H^+ + CO_3^{2-} \rightleftharpoons H_2O + CO_2\uparrow$

   (5) $Ag^+ + Cl^- \rightleftharpoons AgCl\downarrow$

第五节　盐的水解

一、填空题

1. 强弱，强酸强碱盐、强酸弱碱盐、强碱弱酸盐、弱酸弱碱盐

2. 显酸性，有的显碱性，还有的显中性

3. 碱性，酸性

4. 生成弱电解质，不再相等，酸碱性

5. 弱电解质，盐类的水解

6. OH^-，$c(H^+) > c(OH^-)$，酸性

7. H^+，$c(H^+) < c(OH^-)$，碱性

8. 有弱才水解，无弱不水解；越弱越水解，都弱都水解；谁强显谁性，同强显中性

9. 可逆反应，"$\rightleftharpoons$"

10. 不生成沉淀或气体，不发生分解，"↑"或"↓"，分解产物

二、选择题

1. B　　2. B　　3. C　　4. D　　5. A

三、判断题

1. √　　2. ×　　3. ×　　4. √　　5. ×　　6. √　　7. √　　8. √

9. √　　10. √

四、简答题

1. 答：在溶液中，由于盐的离子与水解离出来的 H^+ 和 OH^- 生成弱电解质，从而破坏水的解离平衡，使溶液显示出不同程度的酸、碱性。

2. 答：通常盐类水解程度是很小的，而且是可逆的。盐类水解遵循以下规律：有弱才水解，无弱不水解；越弱越水解，都弱都水解；谁强显谁性，同强显中性。

3. 答：① 由于盐类水解反应一般是可逆反应，故反应方程式中要写"$\rightleftharpoons$"号。

② 一般盐类水解的程度很小，水解产物的量也很少，通常不生成沉淀或气体，也不发生分解，在书写方程式时，一般不标"↑"或"↓"，也不把生成物写成其分解产物的形式。

4. 答：① 做馒头时，面团经过发酵后很容易产生酸味，这时应加入苏打——Na_2CO_3，以去除酸味，因为：$CO_3^{2-} + H_2O \rightleftharpoons HCO_3^- + OH^-$，显碱性，可以中和酸，从而去除酸味。

② 纯碱（Na_2CO_3）可以去油污，是因为：Na_2CO_3 是强碱弱酸盐，水解后显碱性，能达到去污的效果。要提高纯碱的去污效果，用热水比用冷水效果好，这是因为升高温度有利于盐的水解（可促进 CO_3^{2-} 的水解），使溶液的碱性增强，去污能力增强。

5. 答：明矾净水的原理：明矾的主要成分为 $K_2SO_4 \cdot Al_2(SO_4)_3 \cdot 24H_2O$，其中 K_2SO_4 是强酸强碱盐，不水解，而 $Al_2(SO_4)_3$ 是强酸弱碱盐，能水解，所以当明矾溶于水后，$Al_2(SO_4)_3$ 发生水解：

$$Al^{3+} + 3H_2O \rightleftharpoons Al(OH)_3 \downarrow (胶体) + 3H^+$$

$Al(OH)_3$ 胶体能吸附水中悬浮的杂质并形成沉淀，使水澄清，起到净化水的作用，但不能软化水，因它不能减少水中 Ca^{2+} 和 Mg^{2+}。另外，明矾中含有的铝对人体有害，长期饮用明矾净化的水，会导致脑萎缩，可能会引起老年痴呆。因此，目前已不用明矾作净水剂了。

6. 答：泡沫灭火器内装的是饱和硫酸铝溶液和碳酸氢钠溶液。它们分别装在不同容器中，各自存在下列水解平衡：

$$Al^{3+} + 3H_2O \rightleftharpoons Al(OH)_3 + 3H^+$$

$$HCO_3^- + H_2O \rightleftharpoons H_2CO_3 + OH^-$$

当两种溶液混合时，相互促进水解生成大量的 H_2CO_3，分解产生 CO_2，使灭火器内的压力增大，CO_2、H_2O、$Al(OH)_3$ 一起喷出覆盖在着火物质上使火焰熄灭。

第六节 学生实验 溶液的配制、稀释和 pH 的测定

一、填空题

1. 容量瓶，计算、称量、溶解、转移、定容、摇匀
2. 计算、移取、搅匀、转移、定容、摇匀

二、选择题

1. D   2. B   3. A   4. B   5. A   6. C   7. C   8. A

9. B   10. C

三、判断题

1. √   2. ×   3. ×   4. ×   5. ×   6. ×   7. ×   8. √

9. √   10. ×

四、简答题

1. 解：$c_浓 V_浓 = c_稀 V_稀$

    $18\text{mol/L} \times V = 1\text{mol/L} \times 250\text{mL}$

    $V \approx 13.9\text{mL}$

    答：需要 18mol/L 的 H_2SO_4 溶液的体积是 13.9mL。

2. 答：把水倒出一些的过程，把已经溶解了的溶质倒掉了一小部分，容量瓶里的溶质就减少了，造成实际浓度偏低。

3. 答：转移溶液后的烧杯内壁中，还有少量的溶质，为了保证溶质完全转移到容量瓶中去，还要洗涤烧杯 2~3 次，并且要求将洗涤液全部转入容量瓶中，才能达到完全转移的效果。

主题四　常见无机物及其应用

第一节　常见非金属单质及其化合物

一、填空题

1. 16 种，右半

2. 碱金属

3. 氧，硅和铝，基本骨架

4. 氮，氧，重要基础

5. NaCl，氯，钠

6. 气体或固体

7. 半导体，半导体器件，集成电路

8. 大于或等于，易得电子，有氧化性

9. 氧化性越强，还原性越弱

10. 金属性越强，非金属性越强

11. F＞Cl＞Br＞I

12. F

13. 非极性分子

14. 非金属，很活泼

15. HCl 气体，盐酸

16. 氯水

17. 次氯酸

18. 不稳定，盐酸，氧气

19. 强氧化剂，病菌，杀菌消毒，余氯

20. 漂白能力，漂白剂

21. 水作用而生成次氯酸，没有

22. NaOH，次氯酸钠（NaClO），漂白液

23. 消石灰［$Ca(OH)_2$］，次氯酸钙［$Ca(ClO)_2$］，漂白粉

24. 有毒气体，呼吸道黏膜，安全

25. 非常稳定，很难

26. NO

27. 高能固氮，生物固氮，氮气，含氮化合物

28. N_2 和 H_2 反应合成氨

29. 氢气、氧气、金属

30. 氧化性，硫化氢

31. 无色、有强烈刺激性气味，氨和水

32. 硝酸、铵盐、纯碱，有机合成产品

33. 无色、易燃的酸性

34. 可燃气体，二氧化硫或硫

35. 腐蚀金属，还原性

36. 无色而有刺激性气味

37. 酸性，盐酸

38. 氮氧化物，一氧化氮（NO，无色）、二氧化氮（NO_2，红棕色）、

一氧化二氮（N_2O，也称笑气）、五氧化二氮（N_2O_5）

39. 二氧化氮

40. 硝酸

41. 漂白性，杀菌、消毒

42. 强氧化性，钝化，吸水性

43. 硫酸，硫酸酐

44. 脱水性，炭

45. $BaCO_3$，硝酸（或盐酸），CO_2

46. $BaSO_4$，硝酸

47. AgCl(白色)、AgBr(浅黄色)、AgI(黄色)，水，稀硝酸

48. 氯水，I_2，变蓝

49. 刺激性气味，蓝色，NH_3

二、选择题

1. B	2. D	3. D	4. C	5. C	6. B	7. A	8. D
9. B	10. A	11. D	12. B	13. C	14. C	15. A	16. D
17. D	18. D	19. D	20. A	21. B	22. B	23. A	24. C
25. D	26. D	27. C	28. B	29. D	30. D	31. A	32. C
33. C	34. C						

三、判断题

1. ×	2. ×	3. √	4. √	5. ×	6. √	7. √	8. √
9. √	10. √	11. √	12. √	13. √	14. ×	15. ×	16. √
17. √	18. √	19. √	20. √	21. √	22. √	23. √	24. ×
25. √	26. √	27. ×	28. √	29. √	30. √	31. ×	32. √
33. √	34. √	35. √	36. √	37. √	38. √	39. √	40. √
41. ×	42. ×	43. ×	44. ×				

四、简答题

1. 答：84消毒液的主要成分为次氯酸钠（NaClO），洁厕灵的主要成分为盐酸（HCl），这两者混合在一起会迅速生成氯气，反应方程式为：

$$NaClO + 2HCl == NaCl + Cl_2\uparrow + H_2O$$

氯气是一种具有强烈刺激性气味的有毒气体，主要通过呼吸道侵入人体，少量吸入会使鼻和喉头的黏膜受到刺激而引起咳嗽，吸入过量氯气会使人窒息，甚至死亡。

2. 答：浓硫酸有吸水性，对水有强烈的亲和作用，能吸收空气中的水分，质量就会增加，因此浓硫酸可做干燥剂使用。

第二节　常见金属单质及其化合物

一、填空题

1. 金属

2. 失去，还原性

3. 化合物，化合态

4. 1个，失去，+1，阳，活泼金属

5. 银白色，低，小（$0.97g/cm^3$），导电、导热性

6. 不稳定，氧气及水，煤油，氧气和水

7. 氧化钠（Na_2O），过氧化钠（Na_2O_2）

8. 空气中燃烧，过氧化钠，黄色

9. 最广，8%，氧和硅

10. 氧气，氧化铝，继续氧化，钝化，抗腐蚀

11. 浓硝酸或浓硫酸，储存

12. 第ⅧB族，过渡，密度大，硬度大，熔点高，有良好的导电、导热性能。

13. 第四位，氧化物

14. 比较活泼，+2、+3价

15. 刚玉，硬度，混有少量不同氧化物杂质

16. 人造刚玉

17. 两性氧化物，强酸，强碱

18. 两性氢氧化物

19. 不溶于水，不与水，碱性，酸

20. 氢氧化亚铁[$Fe(OH)_2$]、氢氧化铁[$Fe(OH)_3$]，白色絮状，不

稳定，红褐色，白色变成灰绿色，最终变为红褐色

21. 碱，酸

22. 焰色反应

23. 血红色，不显红色，Fe^{3+}

24. 红褐色沉淀，灰白色沉淀，Fe^{3+}

25. 纯碱或苏打

26. 小苏打

27. 碱性

28. CO_2，剧烈

29. 稳定，不稳定，分解，区别

30. 次氯酸钙，次氯酸（HClO），漂白和杀菌

31. 铵盐，晶体，水

32. 刺激性，氨气，铵根离子（NH_4^+）

33. 化肥，锈迹，干电池

二、选择题

1. B	2. C	3. D	4. C	5. C	6. B	7. D	8. D
9. C	10. D	11. C	12. D	13. D	14. B	15. B	16. C
17. D	18. A	19. C	20. A	21. B	22. D	23. B	24. B
25. A	26. D	27. C	28. D	29. D	30. D	31. C	32. B
33. B	34. A	35. D	36. B	37. C	38. B	39. D	40. D
41. B							

三、判断题

1. √	2. √	3. √	4. √	5. √	6. √	7. √	8. ×
9. ×	10. ×	11. √	12. ×	13. √	14. √	15. ×	16. ×
17. √	18. ×	19. √	20. √	21. √	22. ×	23. √	24. √
25. √	26. ×	27. √	28. √	29. √	30. √	31. √	32. √
33. √	34. √	35. ×	36. √	37. ×	38. ×		

四、简答题

1. 答：因为铁比铜的金属活动性更强，铁比铜更容易被氧化而失去原

有的完好性。

2. 答：补铁药剂中的铁是 2 价的。

鉴别 Fe^{3+} 与 Fe^{2+} 的方法有两种：

(1) Fe^{3+} 遇到 KSCN 溶液变成血红色，Fe^{2+} 遇到 KSCN 溶液不显红色。我们可以利用这一反应鉴别 Fe^{3+} 和 Fe^{2+}。

$$Fe^{3+} + 3SCN^- \rightleftharpoons Fe(SCN)_3$$
$$（血红色）$$

(2) Fe^{3+} 与 NaOH 溶液混合产生红褐色沉淀，Fe^{2+} 则生成灰白色沉淀。利用以下反应也可以鉴别 Fe^{3+} 和 Fe^{2+}

$$Fe^{3+} + 3OH^- \rightleftharpoons Fe(OH)_3 \downarrow$$
$$（红褐色）$$

$$Fe^{2+} + 2OH^- \rightleftharpoons Fe(OH)_2 \downarrow$$
$$（灰白色）$$

3. 答：Na_2CO_3 很稳定，而 $NaHCO_3$ 不稳定，受热易分解，产生 CO_2：

$$2NaHCO_3 \xrightarrow{\triangle} Na_2CO_3 + H_2O + CO_2 \uparrow$$

利用这个反应可以区别 Na_2CO_3 和 $NaHCO_3$。

主题五　简单有机化合物及其应用

第一节　有机化合物的特点和分类

一、填空题

1. 氧、氮、卤素，碳氢化合物及其衍生物，有机物
2. 官能团，决定性
3. 链状化合物，环状化合物

二、选择题

1. A	2. C	3. D	4. A	5. A	6. D	7. C	8. C
9. B	10. D	11. C	12. B	13. B	14. C	15. B	16. D
17. C	18. B	19. D	20. D	21. B	22. C	23. A	24. C
25. A	26. A	27. D	28. A	29. D	30. D		

三、判断题

1. × 2. √ 3. √ 4. × 5. √

四、简答题

1. 答：一般来说，有机物具有以下主要特点。

   (1) 大多数有机物难溶于水，但易溶于汽油、酒精、苯等有机溶剂。

   (2) 绝大多数有机物受热容易分解，也易着火燃烧，燃烧生成二氧化碳和水。

   (3) 绝大多数有机物是非电解质，不易导电，熔点、沸点较低。

   (4) 有机物所发生的化学反应比较复杂，常伴有副反应发生；反应速率一般比较慢，有的需要几小时甚至几天或更长时间才能完成。所以常常需要通过加热、光照或使用催化剂来加快有机反应的进行。

   (5) 有机物中同分异构现象普遍存在。

2. 答：有机化合物通常指含碳元素的化合物。但一些简单的含碳化合物，如一氧化碳、二氧化碳、碳酸盐、碳化物、氰化物等除外。除含碳元素外，绝大多数有机化合物分子中含有氢元素，有些还含氧、氮、卤素、硫和磷等元素。因此，有机化合物是指碳氢化合物及其衍生物。有机化合物简称为有机物。

3. 答：

类别	官能团		典型代表物的	
	结构	名称	名称和结构简式	
烷烃	—	—	甲烷	CH_4
烯烃	$C=C$	双键	乙烯	$CH_2=CH_2$
炔烃	$-C≡C-$	三键	乙炔	$CH≡CH$
芳香烃	—	—	苯	⌬
卤代烃	$-X$	卤原子	氯乙烷	CH_3CH_2Cl
醇	$-OH$	羟基	乙醇	CH_3CH_2OH

续表

类别	官能团		典型代表物的名称和结构简式	
	结构	名称		
酚	—OH	羟基	苯酚	C₆H₅—OH
醛	$-\overset{O}{\underset{\|}{C}}-H$	醛基	乙醛	$H_3C-\overset{O}{\underset{\|}{C}}-H$
羧酸	$-\overset{O}{\underset{\|}{C}}-OH$	羧基	乙酸	$H_3C-\overset{O}{\underset{\|}{C}}-OH$
酯	$-\overset{O}{\underset{\|}{C}}-O-R$	酯基	乙酸乙酯	$H_3C-\overset{O}{\underset{\|}{C}}-O-C_2H_5$

第二节 烃

一、填空题

1. 碳，氢，碳氢化合物，甲烷

2. 轻，CH_4

3. 正四面体，正四面体

4. $CH_4+2O_2\xrightarrow{\text{点燃}}CO_2+2H_2O$

5. 同分异构现象

6. 烃基，烷基，乙基

7. 规律性的，逐渐升高，逐渐增大

8. C_2H_4，最简单的

9. 加成反应

10. 加成反应、聚合反应

11. 电石气，有机溶剂，一条直线上

12. 炔烃

13. 液体，不

14. 带浓烟的，硝化反应

15. 芳香烃

二、选择题

1. C   2. D   3. D   4. B   5. B   6. D   7. A   8. B

9. C 10. D 11. C 12. A 13. B 14. D 15. D 16. A
17. B 18. A 19. C 20. C 21. B 22. B 23. A 24. C
25. A 26. D 27. B 28. C 29. D 30. B

三、判断题

1. × 2. √ 3. √ 4. √ 5. √ 6. √ 7. × 8. ×
9. × 10. × 11. × 12. × 13. × 14. √ 15. × 16. √
17. × 18. √ 19. √ 20. ×

四、简答题

1. 答：乙烯能与溴水里的溴发生加成反应。化学方程式如下。

$$CH_2=CH_2+Br_2 \longrightarrow CH_2Br-CH_2Br$$

2. 答：苯与浓硝酸和浓硫酸混合共热到 55～60℃ 发生如下反应。

$$\underset{}{\bigcirc}+HNO_3 \xrightarrow[55\sim60℃]{浓\ H_2SO_4} \underset{}{\bigcirc}-NO_2+H_2O$$

第三节 烃的衍生物

一、填空题

1. 烃的衍生物，卤代烃

2. 溶剂、制冷剂

3. 乙基（—C_2H_5），羟基（—OH），羟基

4. 强烈的腐蚀性，酒精

5. 烃基（除甲醛外）跟醛基， $R-\overset{\overset{O}{\|}}{C}-H$

6. $C_2H_4O_2$， $CH_3-\overset{\overset{O}{\|}}{C}-OH$， CH_3COOH，羧基

二、选择题

1. B 2. A 3. B 4. B 5. B 6. D 7. D 8. B
9. D 10. B 11. B 12. A 13. D 14. C 15. C 16. B
17. A 18. B 19. A 20. C 21. A 22. B 23. B 24. B
25. A 26. B 27. D 28. C 29. D 30. A 31. B 32. D

33. C 34. D 35. C 36. D 37. C 38. B 39. A 40. C

三、判断题

1. × 2. × 3. × 4. × 5. √ 6. × 7. √ 8. √
9. × 10. √ 11. × 12. √ 13. √ 14. × 15. × 16. ×

四、简答题

1. 答：溴乙烷在 NaOH 强碱的醇溶液中加热，分子中脱去一分子溴化氢生成烯烃，反应方程式如下。

$$CH_2(H)-CH_2(Br) + NaOH \xrightarrow[\triangle]{醇} CH_2=CH_2\uparrow + NaBr + H_2O$$

2. 答：$CH_3CHO + 2[Ag(NH_3)_2]OH \xrightarrow{\triangle} CH_3COONH_4 + 2Ag\downarrow + 3NH_3\uparrow + H_2O$

3. 答：

$$CH_3-\underset{\underset{O}{\|}}{C}-OH + H-O-C_2H_5 \underset{\triangle}{\overset{浓硫酸}{\rightleftharpoons}} CH_3-\underset{\underset{O}{\|}}{C}-O-C_2H_5 + H_2O$$

第四节　学生实验　重要有机化合物的性质

一、填空题

1. 取代

2. 粉红

3. 排水

4. $CH_3CHO + H_2 \xrightarrow[\triangle]{催化剂} CH_3CH_2OH$

5. 苯酚钠

6. 冰醋酸

二、选择题

1. B 2. D 3. A 4. C 5. C 6. C 7. A 8. B
9. C 10. A 11. A 12. B 13. D 14. D 15. B 16. B
17. B 18. A 19. C 20. B

三、判断题

1. √ 2. × 3. √ 4. × 5. × 6. √ 7. × 8. ×
9. × 10. × 11. × 12. √ 13. √ 14. √ 15. ×

四、简答题

1. 答：$\underset{}{C_6H_5OH} + 3Br_2 \longrightarrow \underset{三溴苯酚(白色)\downarrow}{C_6H_2Br_3OH} + 3HBr$

2. 答：$CH_3COOH + NaHCO_3 =\!\!=\!\!= CH_3COONa + CO_2\uparrow + H_2O$

3. 答：$CH_3CHO + 2Cu(OH)_2 + NaOH \longrightarrow CH_3COONa + Cu_2O\downarrow + 3H_2O$

主题六　常见生物分子及合成高分子化合物

第一节　糖类

一、填空题

1. C、H、O，$C_n(H_2O)_m$

2. 单糖、低聚糖，多糖

3. 单糖，双糖，多糖

4. 醛糖，酮糖

5. 2~10个，糖苷键

6. 10个以上，糖苷键，直链，支链

7. 葡萄糖，$C_6H_{12}O_6$，白色

8. 还原性，银镜反应，费林试剂

9. 蔗糖，还原性

10. 麦芽糖，还原性

11. 白色，无，不溶于，糊化，还原性，葡萄糖

12. 棉花，白色，无，不溶于，还原性，葡萄糖

13. 羰氨反应，美拉德反应

14. 焦糖化反应

15. 生物质

二、选择题

1. A 2. C 3. D 4. C 5. B 6. C 7. D 8. C
9. D 10. D 11. D 12. B 13. C 14. D 15. A 16. C
17. D 18. C 19. C 20. A

三、判断题

1. √ 2. √ 3. × 4. × 5. × 6. √ 7. × 8. √
9. √ 10. √ 11. √ 12. √ 13. √ 14. × 15. ×

四、简答题

1. 答：葡萄糖是一种多羟基醛，分子中的醛基容易被氧化成为羧基，因此葡萄糖具有还原性，能发生银镜反应，也能与费林试剂反应。

2. 答：蔗糖与麦芽糖异同比较如下表。

项目	蔗 糖	麦芽糖
分子式	$C_{12}H_{22}O_{11}$	$C_{12}H_{22}O_{11}$
物理性质	无色晶体、溶于水、甜味	白色晶体、溶于水、甜味
水解产物	1分子蔗糖→1分子葡萄糖＋1分子果糖	1分子麦芽糖→2分子葡萄糖
与银氨溶液	不反应	有银镜产生
主要来源	甘蔗、甜菜	农产品（大米、玉米）
用途	甜味剂，用于食品、制药等	营养剂、细菌培养基
二者关系	同分异构体	

第二节 蛋白质

一、填空题

1. 氨基（—NH_2），羧基（—COOH）

2. 非必需氨基酸，必需氨基酸

3. 必需氨基酸

4. 非必需氨基酸，甘氨酸、丙氨酸

5. 酸性，碱性

6. 氨基酸

7. 碳、氢、氧、氮、硫

8. 氨基酸，肽键

9. 盐析

10. 分离提纯

11. 变性

12. 颜色反应

13. 丧失，降低

14. 烧焦羽毛

15. 营养平衡，膳食平衡

二、选择题

1. C   2. B   3. A   4. B   5. A   6. B   7. D   8. D
9. B   10. C   11. D   12. C   13. D   14. C   15. A

三、判断题

1. √   2. √   3. ×   4. √   5. ×   6. ×   7. ×   8. ×
9. √   10. √   11. ×   12. √   13. √   14. ×   15. ×

四、简答题

1. 答：蛋白质是化学结构复杂的一类有机化合物，主要由碳、氢、氧、氮、硫等元素组成。它是由一条或多条多肽链组成的生物大分子，每一条多肽链有几十至数百个氨基酸不等；各种氨基酸按一定的顺序排列。

2. 答：蛋白质是由氨基酸通过肽键构成的高分子化合物，含有氨基和羧基，因此也有两性。蛋白质在水中的溶解性不同，有的能溶于水，如鸡蛋蛋白；有的难溶于水，如毛发。蛋白质除了能水解为氨基酸外，还能发生盐析、变性和颜色反应等。

第三节　合成高分子化合物

一、填空题

1. 高分子，天然高分子，合成高分子

2. 固态，液态，晶态，非晶态

3. 线型，体型

4. 塑料、合成纤维，合成橡胶

5. 合成树脂，热塑性塑料，热固性塑料

6. 合成纤维

7. 天然橡胶，合成橡胶

8. 功能高分子材料

9. 高分子分离膜

10. 复合材料

二、选择题

1. B   2. C   3. D   4. A   5. C   6. B   7. D   8. B

9. A   10. A

三、判断题

1. √   2. √   3. √   4. √   5. ×   6. √   7. √   8. ×

9. ×   10. √   11. ×   12. √   13. ×   14. ×   15. √

四、简答题

1. 答：合成纤维是利用石油、天然气、煤和农副产品作原料制成单体，经聚合反应制成的。合成纤维的强度大、弹性好、耐磨、耐化学腐蚀、不会发霉、不怕虫蛀、不缩水。用它做成的衣服美观大方，结实耐穿。

2. 答：合成橡胶是由分子量较小的二烯烃或烯烃作为单体经聚合而成的。合成橡胶在某些性能上比较突出，如有的耐高温、耐低温，有的耐油，有的具有很好的气密性等。

第四节 学生实验 常见生物分子的性质

一、填空题

1. 白色沉淀，有银镜生成，葡萄糖与银氨溶液反应生成银镜

2. 有蓝色沉淀生成，有砖红色沉淀生成，葡萄糖与新制氢氧化铜反应生成 Cu_2O 砖红色沉淀

3. 溶液呈蓝色，淀粉和碘作用呈蓝色

4. 蛋白质从溶液中析出，析出的蛋白质溶解，在蛋白质溶液中加入足量的盐类可析出沉淀，此反应是可逆的

5. 蛋白质从溶液中析出，蛋白质从溶液中析出，析出的蛋白质不再溶解，析出的蛋白质不再溶解，蛋白质在受热、重金属盐等作用下会发生性质上的改变而凝聚，此反应是不可逆的

6. 溶液显黄色，蛋白质与浓硝酸反应所得产物呈黄色

二、选择题

1．B　　2．D　　3．C　　4．C　　5．B

三、判断题

1．×　2．√　3．×　4．×　5．√　6．√　7．×　8．√

9．√　10．√

四、简答题

1. 答：在一定条件下，一定量的葡萄糖与一定量的费林试剂反应，生成的 Cu_2O 的量是一定的，因此，在医学上常用该法来检测尿液中葡萄糖的含量。

2. 答：向蛋白质溶液中加入大量的电解质（中性盐如硫酸钠、氯化钠）使蛋白质沉淀析出的现象称为盐析。盐析是可逆过程，是物理变化。